安徽省"十三五"规划教材

钳工实训教程

主 编 王 甫 董 斌

副主编 韩忠冠 张新建

参 编 张 欣 刘俊姣 王雪彬

主 审 段贤勇

机械工业出版社

本书以培养学生基本技能和职业能力为目标,把教学内容整合后,设计了多个典型的学习单元,主要内容包括:绪论,钳工常用量具,钳工划线,錾削、锯削与锉削,钻孔、扩孔与铰孔,攻螺纹与套螺纹,钳工常用设备及工具,装配基础知识,钳工生产实训规章制度和综合训练。本书还配有中级钳工理论知识试题和答案。

本书可作为高职高专院校机械相关专业钳工实训教材,也可作为钳工职业技能等级认定培训教材。

图书在版编目(CIP)数据

钳工实训教程/王甫,董斌主编.—北京:机械工业出版社,2021.6
(2023.1重印)

安徽省"十三五"规划教材
ISBN 978-7-111-68541-8

Ⅰ.①钳⋯ Ⅱ.①王⋯②董⋯ Ⅲ.①钳工 – 教材 Ⅳ.①TG9

中国版本图书馆 CIP 数据核字(2021)第 121489 号

机械工业出版社(北京市百万庄大街22号 邮政编码100037)
策划编辑:陈玉芝 王晓洁 责任编辑:王晓洁
责任校对:樊钟英 封面设计:王 旭
责任印制:李 昂
河北鹏盛贤印刷有限公司印刷
2023 年 1 月第 1 版第 3 次印刷
184mm×260mm · 9 印张 · 220 千字
标准书号:ISBN 978-7-111-68541-8
定价:28.00 元

电话服务 网络服务
客服电话:010 – 88361066 机 工 官 网:www.cmpbook.com
010 – 88379833 机 工 官 博:weibo.com/cmp1952
010 – 68326294 金 书 网:www.golden – book.com
封底无防伪标均为盗版 机工教育服务网:www.cmpedu.com

前　言

　　本书是按照国务院《国家职业教育改革实施方案》中强调"坚持知行合一、工学结合，推动校企全面加强深度合作，打造一批高水平实训基地"精神，依据国家规定的教学标准编写而成的。

　　在编写本书时，我们结合职业教育特点，以钳工实训要求为依据，以强化应用为重点，力求调动学生学习的积极性，突出对学生实践能力的培养。本书主要内容包括划线、錾削、锯削、锉削、钻孔、扩孔、铰孔、攻螺纹、套螺纹和装配等多种钳工操作方法和技能训练。

　　本书由安徽机电职业技术学院王甫、董斌担任主编，韩忠冠、张新建担任副主编，张欣、刘俊姣、王雪彬参加编写，段贤勇教授担任主审。王甫编写第1章绪论、第8章装配基础知识和附录，董斌编写第9章钳工生产实训规章制度和第10章综合训练，韩忠冠编写第5章钻孔、扩孔与铰孔和第6章攻螺纹与套螺纹，张新建编写第2章钳工常用量具和第7章钳工常用设备及工具，张欣、刘俊姣、王雪彬编写第3章钳工划线和第4章錾削、锯削与锉削。本书由王甫整理和统稿。

　　在编写过程中，得到了安徽机电职业技术学院各位老师和企业人士的大力支持与帮助，在此表示衷心感谢！

　　由于编写时间仓促和编者理论知识、实践能力有限，书中难免有错误和不妥之处，恳请读者批评指正。

目　录

第1章 绪 论

1.1 钳工概述及分类

1. 钳工概述

钳工是从事机械设备装调、维修及相关零件加工和工装夹具制作的人员。钳工是复杂、细致、技术要求高、实践能力强的工种。其基本操作有划线、錾削、锯削、锉削、钻孔、扩孔、铰孔、攻螺纹、套螺纹、刮削、研磨、装配、拆卸和修理等。

目前，虽然有各种先进的加工方法，但钳工加工具有所用工具简单，加工灵活、操作方便和适应面广等特点，可以完成用机械加工不方便或难以完成的工作，故有很多工作仍需要由钳工来完成。因此，钳工在机械制造及机械维修中有着特殊的、不可取代的作用。

(1) 钳工的应用范围 钳工的应用范围很广，主要包括以下几个方面。

1) 加工前的准备工作，如清理毛坯、在工件上划线等。

2) 在单件或小批量生产中，制造一般的零件。

3) 加工精密零件：如锉样板、刮削或研磨机器和量具的配合表面等。

4) 装配、调整和修理机器等。

(2) 钳工的特点 三大优点：加工灵活、可加工形状复杂和高精度的零件、投资小。两大缺点：生产效率低和劳动强度大、加工质量不稳定。

1) 加工灵活。在不适于机械加工的场合，尤其是在机械设备的维修工作中，钳工加工可获得满意的效果。

2) 可加工形状复杂和高精度的零件。技术熟练的钳工可加工出比现代化机床加工的零件还要精密和光洁的零件，可以加工出连现代化机床也无法加工的形状非常复杂的零件，如高精度量具、样板、复杂的模具等。

3) 投资小。钳工加工所用工具和设备价格低廉，携带方便。

4) 生产效率低，劳动强度大。

5) 加工质量不稳定。加工质量的高低受工人技术熟练程度的影响。

(3) 钳工基本操作技能 包括划线、錾削（凿削）、锯削、钻孔、扩孔、锪孔、铰孔、攻螺纹和套螺纹、矫正和弯曲、铆接、刮削、研磨、拆卸、修理及基本测量技能和简单的热处理等。不论哪种钳工，首先都应掌握好钳工的各项基本操作技能，然后再根据分工不同进一步学习掌握好零件的钳工加工及产品和设备的装配、修理等技能。

(4) 钳工技能要求 加强基本技能练习，严格要求，规范操作，多练多思，勤劳创新。

基本操作技能是进行产品生产的基础，也是钳工专业技能的基础，因此，必须首先熟练掌握，才能在今后工作中逐步做到得心应手、运用自如。

钳工基本操作项目较多，各项技能的学习掌握又具有一定的相互依赖关系，因此必须循序渐进，由易到难，由简单到复杂，一步一步地对每项操作都要按要求学习好、掌握好。基本操作是技术知识、技能技巧和力量的结合，不能偏废任何一个方面。要自觉遵守纪律，有吃苦耐劳的精神，严格按照每个工种的操作要求进行操作。

2. 钳工的分类

随着机械工业的发展，钳工的工作范围日益扩大，专业分工更细，因此钳工分成了装配钳工、机修钳工、工具钳工等。

（1）装配钳工　主要按机械设备的装配技术要求进行组件，对部分零件进行钳加工后，再进行部件的装配或总装配、调整、检验和试运行。

（2）机修钳工　主要从事各种机器设备的维修工作。

（3）工具钳工　主要从事模具、工具、量具及样板的制作。

1.2　钳工的主要任务和学习要求

1. 钳工的主要任务

本课程的任务是掌握钳工应具备的专业理论知识与操作技能，培养理论联系实际、分析和解决生产中的一般技术问题的能力。

钳工的工作任务及钳工的工作范围很广，主要有测量、划线、加工零件、装配、设备维修和创新技术。

1）测量。在生产中，为保证零件的加工质量，利用设备仪器及工具对加工出来的零件按照要求进行表面粗糙度、尺寸精度、几何精度的检查。

2）划线。对加工前的零件进行划线。

3）加工零件。对采用机械方法不太适宜或不能解决的零件，以及各种工、夹、量具和各种专用设备等的制造，要通过钳工工作来完成。

4）装配。将机械加工好的零件按机械的各项技术精度要求进行组件、部件装配和总装配，使之成为一台完整的机械。

5）设备维修。对机械设备在使用过程中出现损坏、产生故障或长期使用后失去使用精度的零件，要通过钳工进行维护和修理。

6）创新技术。为了提高劳动生产率和产品质量，不断进行技术革新，改进工具和工艺，也是钳工的重要任务。

2. 学完本课程应达到的目标

1）掌握钳工常用量具、量仪的结构、原理、使用及保养方法。

2）理解金属切削过程中常见的物理现象及其对切削加工的影响。

3）掌握钳工常用刀具的几何形状、使用及刃磨方法。

4）了解钻床的结构，能使用钻床完成钻、扩、锪、铰等加工。

5）掌握钳工的理论知识及有关计算，能熟练查阅钳工方面的手册和资料。

6）掌握钳工应会的操作技能，能对钳工加工制造的工件、装配质量进行分析，能解决生产中一般技术问题。

7）理解钳工常用夹具的有关知识，掌握工件定位、夹紧的基本原理和方法。

8）能独立制订中等复杂工件的加工工艺。

9）了解钳工方面的新工艺、新材料、新设备、新技术，理解提高劳动生产率的有关知识。

10）熟悉安全、文明生产的有关知识，养成安全、文明生产的良好习惯。

3. 钳工技能的学习要求

1）理论指导实践，实践验证理论。学习时应以技能为主，并坚持用理论知识指导技能，通过技能训练加深对理论知识的理解、消化、巩固和提高。必须认真观察、模仿老师的示范操作，并进行反复练习，达到掌握各项技能的目的。

2）基本技能是基础，只有熟练掌握才能做到得心应手、运用自如。通过老师指导，提高自己分析问题和解决问题的能力。

3）循序渐进，由易到难，由简单到复杂，一步一步地对每项操作按要求学习好、掌握好，不能偏废任何一个方面。

4）钳工是知识、技能和力量的结合，不能偏废任何一方，在学习过程中要融合其他技术理论课和知识。

5）自觉遵守纪律，服从指挥、安排，有吃苦耐劳的精神。

4. 钳工工作台和台虎钳

钳工的一些基本操作主要是在由工作台和台虎钳组成的工作场地来完成的。

（1）钳工工作台　可简称钳台或钳桌，它一般是由坚实木材制成的，也有用铸铁制成的。钳工工作台应牢固和平稳，台面高度为 800 ~ 900mm，其上装有防护网，如图 1-1 所示。

（2）台虎钳　台虎钳是夹持工件的主要工具。普通台虎钳有固定式和回转式两种。台虎钳大小用钳口宽度表示，常用的为 100mm、115mm、125mm、150mm。台虎钳的主体由铸铁制成，分固定和活动两个部分。台虎钳的张开或合拢，是靠活动部分的一根丝杠与固定部分内的固定螺母发生螺旋作用而进行的。台虎钳座用螺栓紧固在钳台上。对于回转式台虎钳，台虎钳底座的连接靠的是两个锁紧螺钉的紧固，根据需要，松开锁紧螺钉，便可进行手动圆周旋转，如图 1-2 所示。

（3）工件在台虎钳上的夹持方法

1）工件应夹持在台虎钳钳口的中部，以使钳口受力均匀，如图 1-3 所示。

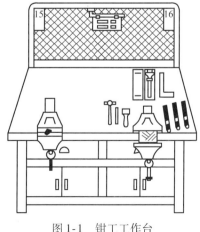

图 1-1　钳工工作台

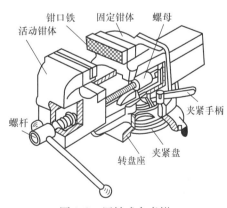

图 1-2　回转式台虎钳

2）使台虎钳夹持工件时，只能尽双手的力扳紧手柄，不能在手柄上加套管子或用锤子敲击，以免损坏台虎钳内螺杆或螺母上的螺纹，如图1-4所示。

3）长工件只可锉夹紧的部分，当锉其余部分时，必须移动重夹，如图1-5所示。

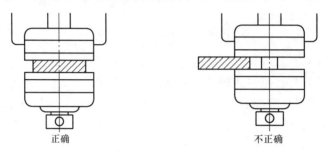

图1-3　工件的夹持

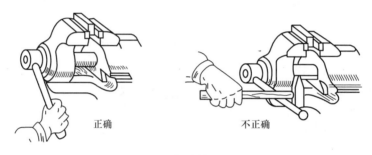

图1-4　施加夹持工件的力

图1-5　长工件的夹持

第 2 章　钳工常用量具

2.1　测量概述

在生产中，为保证零件的加工质量，要利用设备、仪器及工具对加工出来的零件按照要求进行表面粗糙度、尺寸精度、几何精度进行检查，这种方式就叫作测量，测量所使用的工具为量具。

钳工在加工零件、检修设备、安装调试等工作中，均需要用量具检测加工质量是否符合要求。所以，熟悉量具的结构、性能及使用方法，是技术人员确保产品质量的一项重要技能。

常用测量工具有钢直尺、游标卡尺、刀口形直尺、千分尺、游标万能角度尺、量块等。

2.2　钢直尺

钢直尺是最简单的长度量具，它的常用的标称长度有 150mm、300mm、500mm 和 1000mm 4 种。图 2-1 所示是常用的 150mm 钢直尺。

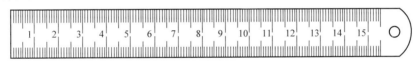

图 2-1　钢直尺

钢直尺用于测量零件的长度尺寸，它的测量结果不太准确。这是由于钢直尺的刻线间距为 1mm，而刻线本身的宽度就有 0.1~0.2mm，所以测量时读数误差比较大，只能读出毫米数，即它的最小读数值为 1mm，比 1mm 小的数值，只能估计而得。

2.3　卡尺类

1. 用途

卡尺包含游标卡尺、带电卡尺和数显卡尺。这里重点介绍游标卡尺。普通游标卡尺用于测量零件的外形尺寸、内形尺寸和深度尺寸。游标高度卡尺用于测量零件的高度尺寸及划线。游标深度卡尺用于测量工件上沟槽和孔的深度尺寸。

2. 类型

普通游标卡尺，如图 2-2 所示。带表卡尺，分Ⅰ、Ⅱ型，如图 2-3 所示。数显卡尺，分Ⅰ、Ⅱ、Ⅲ型，如图 2-4 所示。游标高度卡尺，如图 2-5 所示。

数显高度卡尺，如图 2-6 所示。游标深度卡尺，如图 2-7 和图 2-8 所示。

数显深度游标卡尺，如图 2-9 所示。

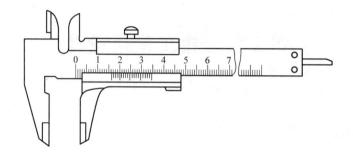

图 2-2　普通游标卡尺

图 2-3　带表卡尺

图 2-4　数显卡尺

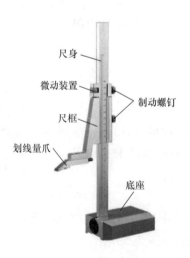

图 2-5　游标高度卡尺

图 2-6　数显高度卡尺

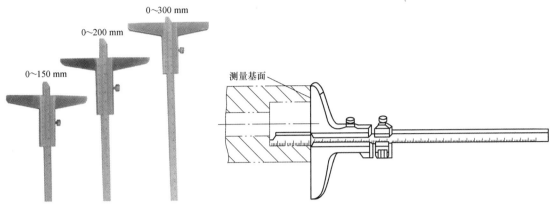

图 2-7　游标深度卡尺（一）　　　　　　图 2-8　游标深度卡尺（二）

3. 规格参数

1）游标卡尺的常用测量范围为：0 ~ 70mm 至 0 ~ 4000mm，分度值为：0.01mm、0.02mm、0.05mm 和 0.1mm。

2）游标高度卡尺的常用测量范围为：0 ~ 150mm 至 0 ~ 1000mm，分度值为：0.01mm、0.02mm、0.05mm 和 0.1mm。

3）游标深度卡尺的常用测量范围为：0 ~ 100mm 至 0 ~ 1000mm，分度值为：0.01mm、0.02mm、0.05mm 和 0.1mm。

4. 游标卡尺的结构和刻线原理

（1）游标卡尺的结构　游标卡尺的结构和用途如

图 2-9　数显深度卡尺

图 2-10 所示。其结构主要由尺身、游标尺、制动螺钉、深度尺、内测量爪和外测量爪等部分组成。尺身的平面上刻有刻线，内、外测量爪及深度尺与游标尺固定为一体，并可沿尺身平稳滑动。制动螺钉起固定游标尺的作用。

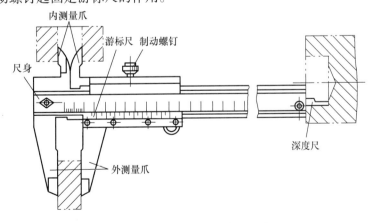

图 2-10　游标卡尺的结构和用途

（2）游标卡尺的刻线原理　如图 2-11 所示，尺身每刻线格为 1mm，分度值为 0.02mm 的游标卡尺，其游标上 49mm 分为 50 格，每刻线格为 0.98mm，分度值为主标尺与游标尺每刻线格之差 0.02mm。

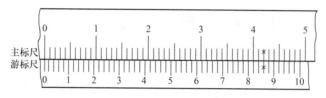

图 2-11　游标卡尺的刻线原理

5. 游标卡尺的读数方法

读出游标尺零刻线左边与主标尺上相距最近的一条刻线表示的毫米数为测得尺寸值的整数部分（27mm），如图 2-12a 所示；读出游标尺上与主标尺刻线对齐的那条刻线所表示的数值为测得尺寸值的小数部分（0.94mm），如图 2-12a 所示；把从主标尺上读得的整数和从游标尺上读得的小数加起来即为测得的尺寸数值（27.94mm）。如图 2-12b 所示测得的尺寸数值为 21.5mm。

6. 游标卡尺使用方法及注意事项

1）根据被测零件的特点、尺寸大小和精度要求选用合适的类型、测量范围和分度值。

2）测量前应将游标卡尺擦干净，并将两量爪合并，检查游标卡尺的精度状况；大规格的游标卡尺要用标准量棒校准检查。

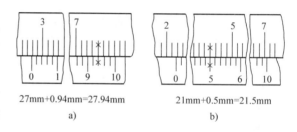

27mm+0.94mm=27.94mm　　21mm+0.5mm=21.5mm
　　　　a)　　　　　　　　　　　b)

图 2-12　游标卡尺的读数方法

3）在测量时，被测零件与游标卡尺要对正，测量位置要准确，两量爪与被测零件表面接触松紧合适。

4）在读数时，要正对游标刻线，看准对齐的刻线，正确读数；不能斜视，以减少读数误差。

5）当用单面游标卡尺测量内尺寸时，测得尺寸应为卡尺上的读数加上两量爪的宽度尺寸。

6）严禁在毛坯面、运动工件或温度较高的工件上进行测量，以防损伤量具精度和影响测量精度。

2.4　刀口形直尺

1. 概述

刀口形直尺用于以透光法进行直线度检验和平面度检验，也可与量块一起，用于检验平面精度。

（1）刀口形直尺特点　它具有结构简单、质量小、不生锈、操作方便及测量效率高等优点，是机械加工常用的测量工具。

（2）刀口形直尺的规格　主要有 75mm、125mm、200mm、300mm、500mm。

（3）刀口形直尺的精度　刀口形直尺的精度一般都比较高，如测量面长度为 200mm 的刀口形直尺，测量面直线度公差控制在 2.0μm（1 级）左右。

2. 刀口形直尺检测方法

平面度可用钢直尺或刀口形直尺的透光法来检验。将尺子测量面沿加工面的纵向、横向和对角方向作多处检查，根据透光强弱是否均匀估计平面度误差，如图 2-13 所示。

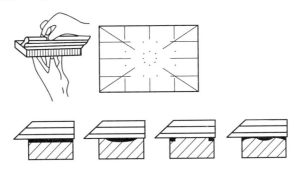

图 2-13　用刀口形直尺检验锉削平面的平面度

3. 刀口形直尺使用注意事项

1）在测量前，应检查刀口形直尺测量面是否清洁，不得有划痕、碰伤、锈蚀等缺陷。

2）在使用刀口形直角尺时，手应握持绝热板，以避免温度对测量结果的影响和产生锈蚀。

3）刀口形直尺在使用时不得碰撞，以确保其工作棱边的完整性，否则将影响测量的准确度。

4）在测量时应转动刀口形直尺，使其与被测面的接触位置符合最大光隙为最小条件，如两侧最大光隙相等或两零光隙间有一最大光隙。

5）当用刀口形直尺检验零件直线度时，要求工件的表面粗糙度值不大于 0.04μm。若表面粗糙度值过大，光在间隙中产生散射，不易看准光隙量。

6）刀口形直尺的测量精度与经验有关，由于受到刀口形直尺尺寸的限制，它只适于检验磨削或研磨加工的小平面的直线度及短圆柱面、圆锥面的素线直线度。

7）在使用完毕后，需在刀口形直尺工作面涂上防锈油并用防锈纸包好，放回尺盒中。

2.5　千分尺

1. 用途

外径千分尺主要用于测量工件的外尺寸，如外径、长度、厚度等。内径千分尺用于测量工件的内尺寸，如孔径、槽宽等。深度千分尺用于测量工件的槽、孔的深度。

2. 类型

外径千分尺（GB/T 1216—2018），如图 2-14a 所示。

电子数显外径千分尺（GB/T 20919—2018），如图 2-14b 所示。

a) 外径千分尺   b) 电子数显外径千分尺

图 2-14　外径千分尺

杠杆千分尺（GB/T 8061—2004），如图 2-15 所示。

两点内径千分尺（GB/T 8177—2004），如图 2-16 所示。

深度千分尺（GB/T 1218—2018），如图 2-17 所示。

图 2-15　杠杆千分尺

图 2-16　两点内径千分尺   图 2-17　深度千分尺

3. 规格参数

千分尺的规格参数包括测量范围和分度值。常用千分尺的规格参数参见表 2-1。

表 2-1　常用千分尺的规格参数

品种	测量范围/mm	分度值/mm
外径千分尺	0～15、0～25、25～50、50～75、75～100、100～125、125～150、150～175、175～200、200～225、225～250、250～275、275～300、300～325、325～350、350～375、375～400、400～425、425～450、450～475、475～500、500～600、600～700、700～800、800～900、900～1000	0.01、0.001、0.002
电子数显外径千分尺	0～25、25～50、50～75、75～100、100～125、125～150、150～175、175～200、200～225、225～250、250～275、275～300	0.001

4. 外径千分尺的结构和工作原理

（1）外径千分尺的结构　外径千分尺主要由尺架、测微螺杆、微分筒、测力装置和锁紧装置等部分组成，如图2-18所示。尺架为一弓形零件，其余组成部分装在尺架上。当顺时针转动微分筒时，在螺纹作用下，测微螺杆向左移动，其端面与测砧的端面分别与被测量零件的测量面接触时，便可进行测量并

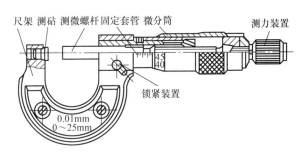

图 2-18　外径千分尺的结构

读出测量数值。测力装置起控制对被测零件施加的测量力并保持恒定的作用。锁紧装置起锁紧测微螺杆位置的作用。

（2）外径千分尺的刻线原理　外径千分尺的固定套管上刻有轴向中线，作为读数基准线，上面一排刻线标出的数字表示毫米整数值；下面一排刻线未注数字，表示对应上面刻线的半毫米值。外径千分尺的测微螺杆的螺距为0.5mm，当微分筒每转一圈时，测微螺杆便随之沿轴向移动0.5mm。微分筒的外锥面上一圈均匀刻有50条刻线，微分筒每转过一个刻线格，测微螺杆沿轴向移动0.01mm。

5. 千分尺的读数方法

先读出微分筒左端面位于固定套筒上的刻线所表示的数值，即被测尺寸的毫米数或加半毫米（0.5mm），如图2-19所示（5.5mm）；再读出微分筒圆锥面上与固定套管上的基准线对齐的那条刻线所表示的数值，即为被测尺寸的小于0.5mm的测量值，如图2-19所示（0.46mm）。

最后，把上述两个读数加起来即为测得的尺寸数值，如图2-19所示（5.96mm）。

6. 千分尺的使用方法及注意事项

1）根据被测零件的特点、尺寸大小和精度要求选用合适的类型、测量范围和分度值。

2）测量前应将千分尺的测量面和零件的被测量面擦干净，外径千分尺将测砧与测微螺杆端面并合校准零位，大规格的千分尺用标准量棒（量块）校准检查。

3）在测量时，被测零件与千分尺要对正，以保证测量位置准确。当测砧、测微螺杆端面与被测零件表面即将接触时，应旋转测力装置，听到"吱吱"声即停，不能再旋转微分筒。

4）在读数时，要正对刻线，看准对齐的刻线，正确读数。特别注意观察固定套管上中线之下的刻线位置，防止误读0.5mm。

5）严禁在零件的毛坯面、运动工件或温度较高的零件上进行测量，以防损伤千分尺的精度和影响测量精度。

7. 深度千分尺

深度千分尺是机械制造业中用于测量工件的孔或槽的深度及台阶高度的测量仪器，是利用螺旋副转动原理将回转运动变成直线运动的一种量具。

使用前先将深度千分尺擦拭干净，然后检查其各活动部

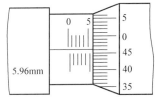

图 2-19　千分尺的读数方法

分是否灵活可靠。在全行程内微分筒的转动要灵活，微分筒的移动要平稳，锁紧装置的作用要可靠。0～25mm 的深度千分尺可以直接校对零位：采用 00 级平台，将平台、深度千分尺的基准和测量面擦干净，旋转微分筒使其端面退至固定套管的零线之外，然后将千分尺的基准面贴在平台的工作面上，左手压住底座，右手慢慢旋转转轮，使测量面与平台的工作面接触后检查零位，微分筒上的零刻度线应对准固定套管上的纵刻线，微分筒锥面应与套管零刻线相切，其原理、度数和外径千分尺一样，如图 2-20 所示。

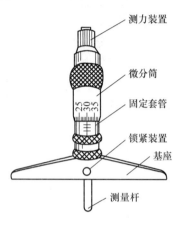

图 2-20　深度千分尺结构

测量范围大于 25mm 的深度千分尺，要用校对量具（可以使用量块代替）校对零位：把校对量具和平台的工作面擦净，将校对量具放在平台上，再把深度千分尺的基准面贴在校对量具上校对零位。

当使用深度千分尺测量不通孔、深槽时，往往看不见孔、槽底的情况，所以在操作深度千分尺时要特别小心，切忌用力莽撞。当被测控的口径或槽宽大于深度千分尺的底座时，可以用一辅助定位基准板进行测量。

8. 其他类型千分尺

（1）三爪内径千分尺　三爪内径千分尺适用于测量中小直径的精密内孔，尤其适于测量深孔的直径。测量范围 3～6mm、6～12mm、12～20mm、20～40mm、40～100mm、100～300mm。分度值：0.001mm、0.005mm。三爪内径千分尺的零位，必须在标准孔内进行校对。

三爪内径千分尺的工作原理如图 2-21 所示。方形圆锥螺纹推动 3 个测量爪作径向移动，扭簧的弹力使测量爪紧紧地贴合在方形圆锥螺纹上，并随着测微螺杆的进退而伸缩。

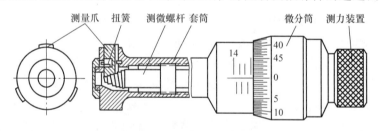

图 2-21　三爪内径千分尺

三爪内径千分尺的方形圆锥螺纹的径向螺距为 0.25mm，即当测力装置顺时针旋转一周时，测量爪就向外移动（半径方向）0.25mm。同时，3 个测量爪组成的圆周直径就增加 0.5mm，即当微分筒旋转一周时，测量直径增大 0.5mm。而微分筒的圆周上刻着 100 个等分格，所以它的读数值为 0.5mm/100＝0.005mm。

（2）公法线千分尺　公法线长度千分尺如图 2-22 所示，主要用于测量外啮合圆柱齿轮的两个不同齿面公法线长度，也可以在检验切齿机床精度时，按被切齿轮的公法线检查其原始外形尺寸。它的结构与外径千分尺相同，所不同的是在测量面上装有两个带精确平面的量钳（测量面）来代替原来的测砧面。

测量范围：0～25mm、25～50mm、50～75mm、75～100mm、100～125mm、125～

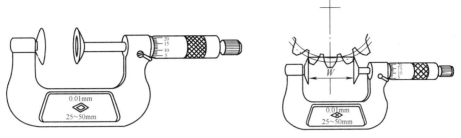

图 2-22　公法线千分尺

150mm、150～175mm、175～200mm。分度值：0.01mm、0.001mm、0.002mm、0.005mm。测量模数 $m \geqslant 1$mm。

（3）壁厚千分尺　壁厚千分尺如图 2-23 所示，主要用于测量精密管形零件的壁厚。壁厚千分尺的测量面镶有硬质合金，以提高使用寿命。

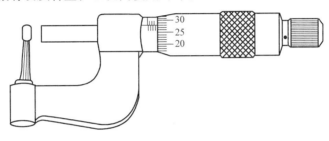

图 2-23　壁厚千分尺

测量范围：上限至 50mm。分度值：0.01mm、0.001mm、0.002mm、0.005mm。

2.6　游标万能角度尺

（1）用途　游标万能角度尺用于测量零件的内、外角度。

（2）结构　游标万能角度尺的结构如图 2-24 所示。

（3）规格参数

1）测量范围：0°～320°、0°～360°。

2）分度值：2′和5′。

3）游标万能角度尺的工作原理。游标万能角度尺主尺的刻线每格1°，分度值为2′的游标刻线是将主尺上29°所占的弧长等分为30格，则游标上每格刻线的角度为29°/30，即58′，与主尺每格的角度差即分度值为2′。

（4）游标万能角度尺的读数方法及使用注意事项　游标万能角度尺的

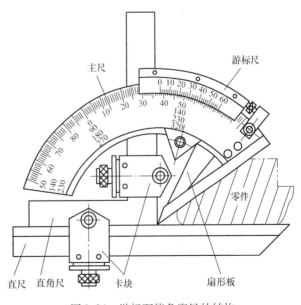

图 2-24　游标万能角度尺的结构

读数方法和游标卡尺相似，先从主尺上读出游标零线前的整度数，再从游标尺上读出角度"分"的数值，两数值相加即为测得的角度值，如图2-25所示。游标万能角度尺的直角尺与直尺可以移动和拆换，从而可以测量0°~320°的任何角度。游标万能角度尺的主尺上的刻线只有0°~90°，当测量大于90°的角度时，应在测得的数值上加上90°，当测量大于180°、270°的角度时，应在测得的数值上分别加上180°、270°。

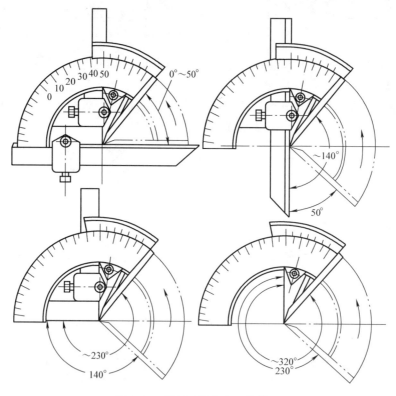

图2-25　游标万能角度尺的使用

2.7　量块

1. 量块的用途和精度

量块是机器制造业中控制尺寸的最基本的量具，是从标准长度到零件之间尺寸传递的媒介，是技术测量上长度计量的基准。

长度量块是用耐磨性好、硬度高而不易变形的轴承钢制成矩形截面的长方块，如图2-26所示。它有上、下2个测量面和4个非测量面。2个测量面是经过精密研磨和抛光加工的很平、很光的平行平面。量块的矩形截面尺寸是：公称尺寸为0.5~10mm的量块，其截面尺寸为30mm×9mm；公

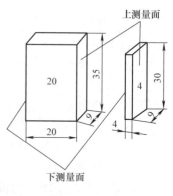

图2-26　量块

称尺寸 10 ~ 1000mm 的量块，其截面尺寸为 35mm × 9mm。

量块的工作尺寸不是指两测面之间任何处的距离，因为两测面不是绝对平行的，因此量块的工作尺寸是指中心长度，即量块的一个测量面的中心至另一个测量面相研合面（其表面质量与量块一致）的垂直距离。在每块量块上，都标记着它的工作尺寸：当量块尺寸等于或大于 6mm 时，工作尺寸标记在非工作面上；当量块尺寸在 6mm 以下时，工作尺寸直接标记在测量面上。

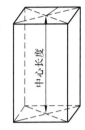

量块的精度，根据它的工作尺寸（中心长度见图 2-27）的精度和两个测量面的平面平行度的准确程度，分成 5 个精度级，即 K 级、0 级、1 级、2 级和 3 级。K 级、0 级量块的精度最高，工作尺寸和平面平行度等都做得很准确，只有零点几个微米的误差，一般仅用于省市计量单位作为检定或校准精密仪器使用；1 级量块的精度次之；2 级更次之；3 级量块的精度最低，一般作为工厂或车间计量站使用的量块，用来检定或校准车间常用的精密量具。

图 2-27　量块的中心长度

量块是精密的尺寸标准，制造不容易。为了使工作尺寸偏差稍大的量块仍能作为精密的长度标准使用，可将量块的工作尺寸检定得准确些，在使用时加上量块检定的修正值。

2. 成套量块和量块尺寸的组合

量块是成套供应的，并且每套量块装成一盒。每盒中有各种不同尺寸的量块，其尺寸编组有一定的规定。常用成套量块的块数和每块量块的尺寸，见表 2-2。

表 2-2　常用成套量块的块数和每块量块的尺寸

套别	总块数	精度级别	尺寸系列/mm	间隔/mm	块数
1	91	0, 1	0.5	—	1
			1	—	1
			1.001, 1.002, …, 1.009	0.001	9
			1.01, 1.02, …, 1.49	0.01	49
			1.5, 1.6, …, 1.9	0.1	5
			2.0, 2.5, …, 9.5	0.5	16
			10, 20, …, 100	10	10
2	83	0, 1, 2	0.5	—	1
			1	—	1
			1.005	—	1
			1.01, 1.02, …, 1.49	0.01	49
			1.5, 1.6, …, 1.9	0.1	5
			2.0, 2.5, …, 9.5	0.5	16
			10, 20, …, 100	10	10
3	46	0, 1, 2	1	—	1
			1.001, 1.002, …, 1.009	0.001	9
			1.01, 1.02, …, 1.09	0.01	9
			1.1, 1.2, …, 1.9	0.1	9
			2, 3, …, 9	1	8
			10, 20, …, 100	10	10

（续）

套别	总块数	精度级别	尺寸系列/mm		间隔/mm	块数
4	38	0，1，2	1，1.005		—	2
			1.01，1.02，…，1.09		0.01	9
			1.1，1.2，…，1.9		0.1	9
			2，3，…，9		1	8
			10，20，…，100		10	10
5	10⁻	0，1	0.991，0.992，…，1		0.001	10
6	10⁺	0，1	1，1.001，…，1.009		0.001	10
7	10⁻		1.991，1.992，…，2		0.001	10
8	10⁺		2，2.001，…，2.009		0.001	10
9	8	0，1，2	125，150，175，200，250，300，400，500		—	8
10	5	0，1，2	600，700，800，900，1000		—	5
11	10	0，1，2	2.5，5.1，7.7，10.3，12.9，15，17.6，20.2，22.8，25		—	10
12	10	0，1，2，	27.5，30.1，32.7，35.3，37.9，40，42.6，45.2，47.8，50		—	10
13	10	0，1，2	52.5，55.1，57.7，60.3，62.9，65，67.6，70.2，72.8，75		—	10
14	10	0，1，2	77.5，80.1，82.7，85.3，87.9，90，92.6，95.2，97.8，100		—	10
15	12	3	41.2，81.5，121，8，51.2，121.5，191.8，101.2，201.5，291.8，10，20（二块）		—	12
16	6	3	101.2，200，291.5，375，451.8，490		—	6
17	6	3	201.2，400，581.5，750，901.8，990		—	6

在总块数为83块和38块的两盒成套量块中，有时带有4块护块，所以每盒成为87块和42块了。护块可保护量块，主要是为了减少常用量块的磨损，在使用时可放在量块组的两端，以保护其他量块。

每块量块只有一个工作尺寸。但由于量块的两个测量面做得十分准确而光滑，具有可研合的特性。即将两块量块的测量面轻轻地推合后，这两块量块就能研合在一起，不会自己分开，好像一块量块一样。由于量块具有可研合性，每块量块只有一个工作尺寸的缺点就克服了。利用量块的可研合性，就可以组成各种不同尺寸的量块组，大大扩大了量块的应用。但为了减少误差，希望组成量块组的块数不超过4~5块。

为了使量组的块数为最小值，在组合时就要按一定的原则来选取量块尺寸，即首先选择能去除最小位数的尺寸的量块。例如，若要组成87.545mm的量块组，其量块尺寸的选择方法如下：

量块组的尺寸   87.545mm

选用的第一块量块尺寸   1.005mm

剩下的尺寸   86.54mm

选用的第二块量块尺寸　　1.04mm

剩下的尺寸　　　　　　　85.5mm

选用的第三块量块尺寸　　5.5mm

剩下的即为第四块尺寸　　80mm

量块是很精密的量具，使用时必须注意以下几点。

1）使用前，先在汽油中洗去防锈油，再用清洁的麂皮或软绸擦干净。不要用棉纱头去擦量块的工作面，以免损伤量块的测量面。

2）清洗后的量块，不要直接用手去拿，应当用软绸衬起来拿。当必须用手拿量块时，应当把手洗干净，并且要拿在量块的非工作面上。

3）当把量块放在工作台上时，应使量块的非工作面与台面接触。不要把量块放在蓝图上，因为蓝图表面有残留化学物，会使量块生锈。

4）不要使量块的工作面与非工作面进行推合，以免擦伤测量面。

5）量块在使用后，应及时用汽油清洗干净，用软绸揩干后，涂上防锈油，放在专用的盒子里。若需要经常使用，可在洗净后不涂防锈油，放在干燥的缸内保存。绝对不允许将量块长时间地研合在一起，以免由于金属黏结而引起不必要的损伤。

第 3 章 钳 工 划 线

3.1 划线概述

1. 划线相关知识

（1）划线基准的定义 根据图样和技术要求，在毛坯或半成品上用划线工具划出加工界线或划出作为基准的点、线的操作过程叫作划线。

划线用来确定工件上其他点、线、面位置的点、线、面。

（2）种类

1）平面划线：只需要在工件一个表面上划线后即能明确表示加工界线（图 3-1a）。

2）立体划线：需要在工件几个互成不同角度（一般是互相垂直）的表面上划线，才能明确表示加工界线（图 3-1b）。

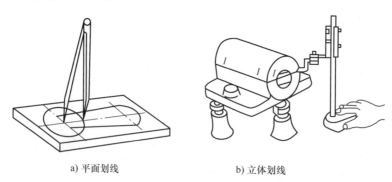

a) 平面划线   b) 立体划线

图 3-1 划线种类

（3）划线的作用

1）确定工件的加工余量，使加工有明显的尺寸界限。

2）为便于在机床上装夹复杂工件，可按划线找正定位。

3）当毛坯误差不大时，可通过借料划线的方法进行补救，提高毛坯的合格率。

4）可全面检查毛坯的形状和尺寸是否符合图样，满足加工要求。

5）在坯料上出现某些缺陷的情况下，往往可通过"借料"划线的方法，来达到一定补救。

6）在板料上按划线下料，可做到正确排料，合理使用材料。

7）当复杂工件在机床上进行粗加工时，可通过划线位置找正、定位和夹紧。

（4）划线时常用的涂料

1）白灰水：一般用于铸、锻毛坯表面涂色。

2）品紫：由紫颜料、干漆、酒精混合而成，一般用于精加工表面涂色。

3）硫酸铜溶液：由硫酸铜加水与少量硫酸混合而成，一般用于钢、铸铁已加工表面和有色金属的加工表面涂色。

2. 划线工具

（1）直角尺　直角尺在划线时常用来划平行线或垂直线，如图 3-2 所示。

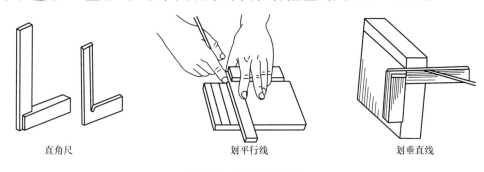

直角尺　　　　　　　　划平行线　　　　　　　　划垂直线

图 3-2　直角尺的使用

　　钳工常用的检验垂直度的方法：对于垂直度误差的测量一般采用直角尺，凭经验看光隙进行估测，或者是直角尺加塞尺测量，直角尺可以选择镁铝直角尺、铸铁直角尺、大理石直角尺、铸铁弯板、检验方箱等。这两种检测方法只能进行垂直度误差的粗测，并不能准确地读出垂直度误差的数值，测量的误差较大。因此，常采用百分表配合直角尺在铸铁平板或大理石平板上的测量方法，即为直角尺找一个平面度更高的基准平面（铸铁平板或大理石平板），将直角尺的基准面采用 C 字形夹头固定在被测量工件上，利用百分表在直角尺测量面上进行测量，其最大与最小读数之差即为被测工件的垂直度误差。使用这种测量方法因为自身误差小，所以检测的精度也高，并且能直接出具垂直度误差值，使用方便，测量速度快，是目前测量垂直度误差最为普遍的方法。

　　（2）V 形铁　V 形铁用来放置圆柱形工件，以便找正中心和划出中心线，如图 3-3 所示。

　　（3）划线平板　划线平板用作划线时的基准平面，材料为铸铁，工作表面经过精刨或刮削加工，如图 3-4 所示。

　　使用划线平板时应注意：工作表面应保持清洁；工件和工具在平板上要轻放、轻拿，摆放整齐；用后注意清洁、防锈。

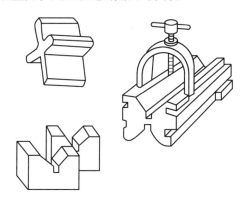

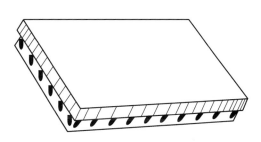

图 3-3　V 形铁　　　　　　　　　　　图 3-4　划线平板

（4）划针　划针用来在工件上划线条，材料为碳素工具钢或合金工具钢，直径一般为
3～5mm，尖端磨成15°～20°的尖角后淬火，如图3-5所示。

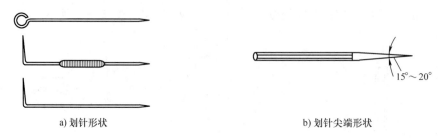

a) 划针形状   b) 划针尖端形状

图3-5　划针

使用划针时应注意：当用钢直尺和划针划连接两点的直线时，应先用划针和钢直尺定好
一点的位置，然后调整钢直尺与另一点的划线位置，再划出两点的连线；划线时针尖要紧靠
工具导向部位的边缘，上部向外侧倾斜15°～20°，向划线移动方向倾斜45°～75°，如
图3-6所示；针尖要保持尖锐，划线要尽量一次划成，线条要清晰、准确。

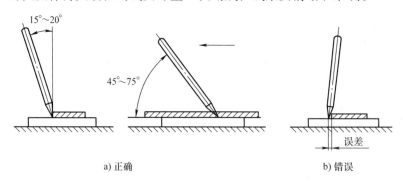

a) 正确   b) 错误

图3-6　划针用法

（5）划线盘　划线盘用来在划线平板上对工件进行划线或找正工件正确的安放位置，
如图3-7所示。划针的直头端用于划线，弯头端用于对工件安放位置的找正。

使用划线盘时应注意：划针应尽量处于水平位置，伸出部分尽量短些，并要牢固地夹紧
以免在划线时产生振动和引起尺寸变动。划线盘的底平面始终要与划线平板工作平面贴紧，
不能晃动或跳动。在划针与工件划线表面之间，沿划线方向应保持40°～60°夹角，以减小
划线阻力和防止针尖扎入工件表面。当划较长线时，可采用分段连接法。

（6）高度尺　普通高度尺由钢直尺和尺座组成，用来给划线盘量取高度尺寸，如
图3-8a所示。游标高度卡尺一般有硬质合金的划线脚，能直接划出高度尺寸，其读数精度
一般为0.02mm，可作为精密划线工具，如图3-8b所示。游标高度卡尺一般可用来在平板
上划线或测量工件高度。

（7）划规　划规用来划圆和圆弧、等分线段、等分角度及量取尺寸等，如图3-9所示。

使用划规时应注意：划规两脚的长短略有不同，合拢时脚尖能靠紧，脚尖应保持尖锐。
在划圆时，应将压力加在作为旋转中心的脚尖上，另一脚以较轻的压力旋转，避免中心滑
动，如图3-10所示。

a) 普通高度尺   b) 游标高度卡尺

图 3-7　划线盘　　　　　　　　　图 3-8　高度尺

图 3-9　划规　　　　　　　　　图 3-10　划规划圆

3.2　划线基准

1. 基准概述

基准是用来确定生产对象上各几何要素间的尺寸大小和位置关系所依据的一些点、线、面。

在设计图样上采用的基准为设计基准,在工件划线时所选用的基准称为划线基准。在选用划线基准时,应尽可能使划线基准与设计基准一致,这样可避免相应的尺寸换算,减少加工过程中的基准不重合误差。

当平面划线时,通常要选择两个相互垂直的划线基准。而当立体划线时,通常要确定 3

个相互垂直的划线基准。

2. 基准选择的原则

划线基准应与设计基准一致，并且在划线时必须先从基准开始，然后再依此基准划其他形面的位置线及形状线，这样才能减少不必要的尺寸换算，使划线方便、准确。基准选择的原则有以下几项。

1）基准统一原则。

2）基准重合原则。

3）基准合理原则。

3. 平面划线基准的选择

在划线时，首先要选择和确定基准线或基准平面，然后再划出其余的线。一般可选择图样上的设计基准或重要孔的中心线作为划线基准，尽量取工件上已加工过的平面作为基准平面。常见的平面划线基准有 3 种。

1）以两个相互垂直的平面为基准。如图 3-11 所示，两个相互垂直的平面是工件的设计基准，在划线时应以这两个平面作为划线基准。

2）以一条中心线和与它垂直的平面为基准。如图 3-12 所示，工件以底平面和中心线作为设计基准，在划线时应分别以它们作为划线基准。

3）以两条相互垂直的中心线为基准。如图 3-13 所示，在划线时以相互垂直的中心线为基准。

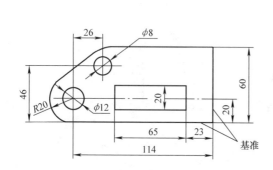

图 3-11　以两个相互垂直的平面为基准

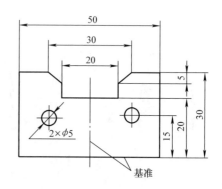

图 3-12　以一条中心线和与它垂直的平面为基准

划线基准的确定原则如下。

① 根据划线的类型确定基准的数量（基准的数量尽量少）。

② 在划线时，划线基准尽量与设计基准相一致（减少基准不符误差，方便划线尺寸的确定）。

③ 在毛坯上划线时，应选已加工表面为划线基准。

④ 在确定划线基准时，应考虑工件安置的合理性，当工件的设计基准面不利于工件的放置时，一般选择较大的和平直的面作为划线基准。

⑤ 划线基准的确定，在保证划线质量的同时，要考虑划线质量的提高。

4. 图样分析方法和步骤

（1）看标题栏 通过标题栏了解零件的名称、比例、材料等，初步了解零件的用途、性质及大致的大小等。

（2）分析视图 搞清各视图之间的投影配置关系，明确各视图的表达重点。

（3）分析形体 通过对图样各视图的分析，想象出一个完整的零件结构。

（4）分析尺寸 结合对零件视图和零件形体的分析，找出零件长、宽、高 3 个量的尺寸基准及零件形体的定形、定位尺寸和尺寸偏差。

（5）了解技术要求 根据图内、图外的文字和符号，了解零件的表面粗糙度、几何公差及热处理等方面的要求。

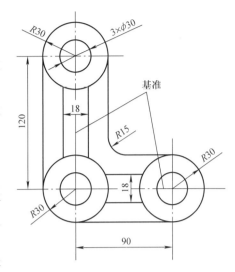

图 3-13 以两条相互垂直的中心线为基准

（6）零件加工工艺的分析 根据以上对零件图样的分析，初步确定零件的基本加工工艺。

5. 划线步骤

1）研究图样，确定划线基准，详细了解需要划线的部位，以及这些部位的作用、需求和有关的加工工艺。

2）初步检查毛坯的误差情况，去除不合格毛坯。

3）工件表面涂色（蓝油）。

4）正确安放工件和选用划线工具。

5）划线。

6）详细检查划线的精度及线条有无漏划。

7）在线条上打冲眼。

6. 划线基准确定的原则

1）根据划线的类型确定基准的数字，在保证划线正常进行的情况下，尽量减少基准的数字。

2）在划线时可选划线基准尽量与设计基准相一致，以减少由于基准不重合产生基准不重合误差，同时也能方便划线尺寸的确定。

3）在毛坯上划线时，应以已加工表面为划线基准。

4）确定划线基准时，还应考虑工件安放的合理性，当工件的设计基准不利于工件的放置时，为了保证划线的安全顺利进行，一般选择较大和平直的面作为划线的基准。

5）划线基准的确定在保证划线质量的同时，还要考虑划线效率的提高。

7. 大型工件的划线方法

对于一些质量超大、超长、超高、不宜安放、转位困难的工件在平板上划线，若遇平板的长度、宽度不够等问题，可采用工件移位或平板拼接的方法解决。平板拼接可以扩大划线平板的工作范围。

3.3 找正和借料

对于种种原因造成的铸、锻毛坯件形状歪斜、孔位置偏心、各部分壁厚不均匀等缺陷，当偏差不大时，可以通过划线时的找正和借料的方法进行补救。

1. 找正

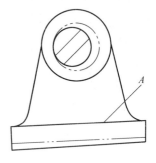

找正即根据加工要求，用划线工具检查或找正工件上有关不加工的表面，使之处于合理的位置。以此为依据划线，可使加工表面和不加工表面之间保持尺寸均匀，如图 3-14 所示。例如轴承座毛坯，由于底座厚度不一致，因此在划线时应以不加工的 A 面为依据进行找正。当 A 面校正水平后划出底面加工线，这样就可以保证底座厚度比较均匀。当上部的内孔与外圆不同轴时，应以外圆为找正依据，求出圆心后再划内孔的加工线。

图 3-14 毛坯件的找正

在找正时应掌握以下几点：

1）为保证不加工面与加工面间各点距离相同，应将不加工面校正水平或垂直（指不加工面为水平或垂直位置时）。

2）当有多个不加工面时，应先找正面积最大的面，同时兼顾其他不加工面，以保证壁厚尽量均匀，孔与轮毂或凸台尽量同轴。

3）当没有不加工表面时，要以加工面的毛坯孔外形与凸台位置来找正。

4）所划的工件为多孔的箱体时，要保证各孔均有加工余量，且与凸台尽量同轴。

2. 借料

通过划线把各加工面的余量重新合理分配，使之达到加工要求。这种补救性的划线，称为借料。图 3-15 所示为套筒铸件毛坯，由于孔的中心与轮廓的中心不一致，而要求加工套筒的内表面，从图可看出，显然不能以加工面中心为基准进行划线，否则就会产生套筒壁厚不一致，甚至无法加工。现试以借料方法进行划线。划线前，先对该毛坯进行各部位的测量与分析，从测量中知道，孔中心与轮廓中心的偏移量为 K，套筒壁最小厚度 a 比图样要求的厚度大，说明该毛坯通过借料能达到加工要求。

由于只要求加工内表面，为了保证套筒壁厚基本均匀，应以外毛坯表面为划线基准进行找正划线。从图 3-15 中可以看出，套筒壁最小厚度的地方还有足够的加工余量。若只要求加工外表面，则应以毛坯内表面为划线基准，找出内孔直径 d 的中心 O，通过中心 O 划出 $X—X'$ 和 $Y—Y'$ 线，然后以 O 为中心，按直径 D 划出圆周，如图 3-16 所示。

借料应掌握的要点是：当需要进行借料划线时，应先测量毛坯各部位的尺寸，并对各平面、各孔的加工余量及毛坯的偏移量进行综合分析；根据图样技术要求，对各加工面的实际加工量进行合理的分配；确定借料的方向与距离，定出划线基准面；以确定的中心线或中心点作基准进行划线。

找正和借料这两项工作在划线时是密切结合进行的。当然，不是所有的误差与缺陷都可以通过找正和借料进行补救，这点必须注意。

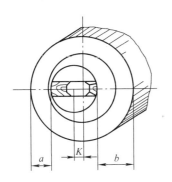

图 3-15　加工内表面时划线

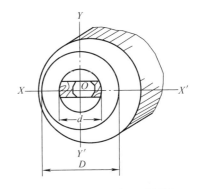

图 3-16　加工外表面时划线

3.4　划线实例

1. 平面划线

1）以十字线为基准的划线，如图 3-17a 所示。

2）以相互垂直的两条边为基准的划线，如图 3-17b 所示。

3）以一直边和一中心线为基准的划线，如图 3-17c 所示。

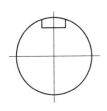

a) 以十字线为基准

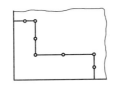

b) 以相互垂直的两条边为基准

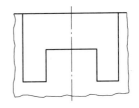

c) 以一直边和一中心线为基准

图 3-17　平面划线

2. 立体划线

以轴承座的划线为例，划线步骤如下：

1）将工件放在千斤顶上，根据孔中心和上表面调节千斤顶进行找正，使工件水平，如图 3-18a 所示。可使用划针盘进行水平找正。

2）根据尺寸划出各水平线，如图 3-18b 所示。先划出基准线，再划出其他水平线。

3）翻转 90°，用直角尺找正后，划出相互垂直的线，如图 3-18c 所示。

4）将工件再翻转 90°，用直角尺在两个方向上找正、划线，如图 3-18d 所示。

5）划完检查无误后，在所划的线上打样冲眼，此时划线即完成，如图 3-19 所示。

3. 划线操作时的注意事项

1）工件夹持要稳妥，以防滑倒或移动。

2）在一次支承中，应把需要划出的平行线划全，以免再次支承补划，造成误差。

3）应正确使用划针、划针盘、游标高度卡尺及直角尺等划线工具，以免产生误差。

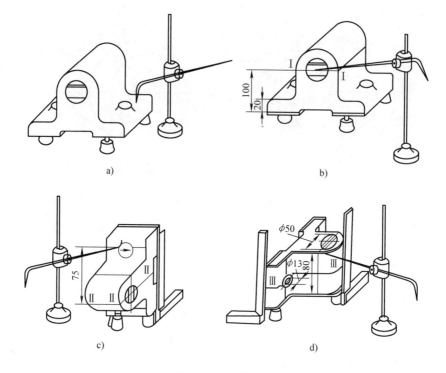

a)

b)

c)

d)

图 3-18 立体划线

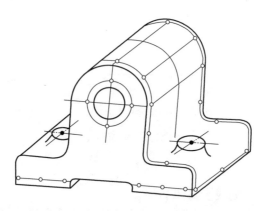

图 3-19 打样冲眼

第 4 章 錾削、锯削与锉削

4.1 錾子与錾削

1. 概述

錾削是用锤子锤击錾子对金属工件进行切削加工的工艺。錾削可加工平面、沟槽，切断金属，以及清理铸、锻件上的毛刺等。每次錾削金属层的厚度为 0.5 ~ 2mm。錾削加工虽然效率低，劳动强度大，但加工灵活，有些使用机器不能加工或不便加工的工件和毛坯，都可以用錾削的方法进行加工。錾削加工是粗加工，一般都要进行再加工，如锉、刮等。对钳工来说，錾削是一项基本技能。

2. 錾削工具

錾削工具主要有锤子和錾子。

（1）锤子 锤子是常用的敲击工具，由锤头和木柄组成，如图 4-1 所示。锤子的规格以锤头的质量来表示，有 0.25kg、0.5kg、1kg 等几种。锤头用 T7 钢制成，并经热处理淬硬。木柄用比较坚韧的木材制成，装入锤孔后用楔子楔紧，以防锤头脱落。常用的锤子为 0.5kg，其柄长约为 350mm。

图 4-1 锤子

1）用途。用于手工施加敲击力。

2）类型。常用的锤子有斩口锤和圆头锤。

斩口锤如图 4-2a 所示，适用于金属薄板、皮制品的敲平及翻边等。

圆头锤如图 4-2b 所示。

a) 斩口锤　　　　　　　　　　　　　b) 圆头锤

图 4-2 锤子

（2）錾子 錾子是用碳素工具钢（T7 或 T8）锻打成形，经热处理及刃磨而成。錾子由切削刃、切削部分、斜面、柄和头部等组成，如图 4-3 所示。

1）錾子切削部分的几何角度。其几何角度如图 4-4 所示。

楔角（β）是錾子前面与后面之间的夹角。它是决定錾子切削性能和强度的主要参数。楔角越大，切削部分的强度越高，但切削性能越差，錾削越费力。

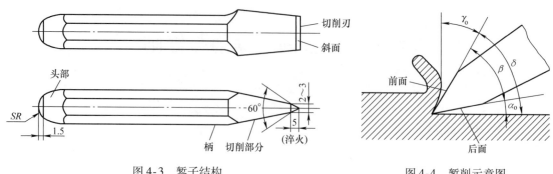

图 4-3 錾子结构 　　　　　　图 4-4 錾削示意图

后角（α_0）是錾削时錾子后面与切削平面之间的夹角。

前角（γ_0）是錾削时錾子前面与錾削基面之间的夹角。

2）錾子分类。根据用途不同，錾子可分为以下几种。

扁錾：常用于錾削平面，切割，去凸缘、毛刺和倒角等，是用途最广泛的一种錾子，如图 4-5a 所示。

狭錾：常用于錾削沟槽、分割曲面和板料等，如图 4-5b 所示。

油槽錾：主要用于錾油槽，如图 4-5c 所示。

3）錾子的刃磨。錾子的刃磨方法如图 4-6 所示，双手握紧錾子，使錾子切削刃略高于砂轮中心水平面，在砂轮的轮缘全宽上左右平稳移动，压力不要过大，控制好錾子的方向、位置，并经常注意冷却，保证磨出的楔角、刃口形状和长度正确，切削刃锋利。

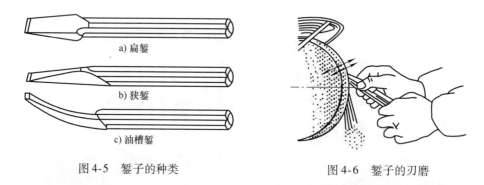

图 4-5 錾子的种类 　　　　　　图 4-6 錾子的刃磨

（3）錾削基本操作方法

1）錾子的握法。

① 正握法：手心向下，腕部伸直，用中指、无名指握住錾子，小指自然合拢，食指和大拇指自然伸直且松靠，錾子前端伸出约 20mm，如图 4-7a 所示。

② 反握法：手心向上，手指自然握住錾子，手掌悬空，如图 4-7b 所示。

2）锤子的握法有松握法和紧握法两种。

① 紧握法是右手的食指、中指、无名指和小指紧握锤柄，拇指贴在食指上，柄尾露出 15～30mm。在挥锤和锤击时握法不变，如图 4-8a 所示。

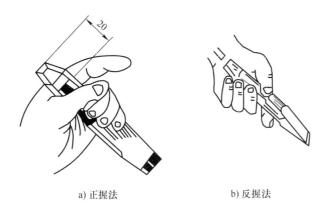

a) 正握法   b) 反握法

图 4-7 錾子的握法

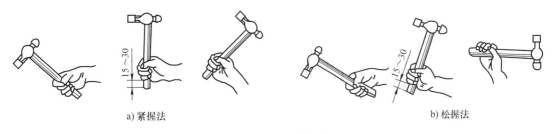

a) 紧握法   b) 松握法

图 4-8 锤子的握法

② 松握法是只用拇指和食指始终握紧锤柄。当锤子向后举起时（挥锤过程），逐渐放松小指、无名指和中指，如图 4-8b 所示。在锤击过程中，将放松的手指逐渐收紧，并加速锤子运动。此法掌握熟练后，不但可以增加锤击力，而且能减轻疲劳度，所以松握法比紧握法好。

3）挥锤方法：有手挥法、肘挥法和臂挥法 3 种，如图 4-9 所示。

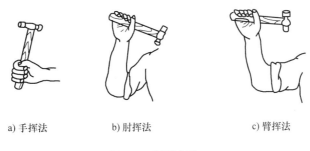

a) 手挥法   b) 肘挥法   c) 臂挥法

图 4-9 挥锤方法

① 手挥法：只有手腕运动，采用紧握法握锤，锤击力小，一般用于錾削的初始阶段和结尾时的修整，以及錾削软金属或开油槽等。

② 肘挥法：手腕和肘一起运动，可采用松握法握锤，挥动幅度大，锤击力较大，运用最广，用于开销子槽和修錾平面等。

③ 臂挥法：手腕、肘、全臂一起运动，锤击力更大，但应用较少，主要用于錾断金属

材料和开合螺母,以及需要大力錾削的工件。

4)站立姿势。应使全身不易疲劳,且便于用力。要稳定地站在台虎钳的近旁,通常是左脚前右脚后。左脚向前半步,约一锤柄长。腿不要过分用力,膝盖稍微弯曲,保持自然状态。右脚稍微朝后,站稳伸直,作为主要支点。两脚站成"V"形。头部不要探前或后仰,面向工件,目视錾子刃口,如图4-10所示。

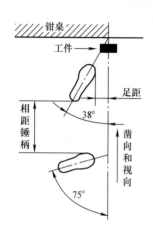

图 4-10 錾削操作

5)錾削角度的选择。影响錾削质量和效率的主要因素是錾子的楔角和錾削时的后角大小。楔角 β 的选择:楔角小,錾子刃口锋利,但强度较差,容易崩裂;楔角大,刀具强度好,但錾削阻力大,不易切削,如图4-11所示。楔角大小应根据工件的软硬程度来选择,硬材料为60°~75°,中性材料为50°~60°,铜、铸铁为30°~50°。

后角 α_o 的选择:后角太大,会使錾子切入工件太深;后角太小,由于錾削方向太平,錾子容易从工件表面滑出,同样不能切削。如图4-12所示,一般后角以5°~8°为宜。在錾削过程中,后角应保持不变,否则加工表面将不平整。

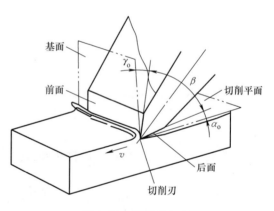

图 4-11 錾削的角度

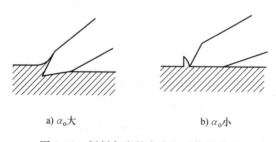

a) α_o 大   b) α_o 小

图 4-12 錾削角度的大小和工作的关系

前角 γ_o 的作用是减少錾削时切屑变形，降低切削阻力，使切削省力。前角越大，切削越省力。当后角一定时，前角大小由楔角来决定。公式为

$$\gamma_o = 90° - (\alpha_o + \beta)$$

6）起錾和终錾。

① 起錾方法。当平面錾削时，錾子尽可能向右斜 45°，从工件尖角处轻轻地起錾；在錾槽时，錾子刃口贴住工件，錾子头部向下约 30°，轻打錾子，待得到一个小斜面后，再开始錾削。

若起錾不正确，以錾子全宽进行錾削，不但阻力大，而且錾子容易产生弹跳或打滑，不易控制錾削量，甚至滑出伤手。

② 终錾方法。一般只用手挥法进行锤击，以免在錾去残块时，阻力突然消失，使手冲出碰到工件上被划破。

当每次錾削离工件尽头 8～10mm 时，必须停止錾削，调头后再錾去余下的部分，如图 4-13 所示。特别是脆性材料，如铸铁、青铜等，更要注意这一点，否则会使工件的角或边崩裂。

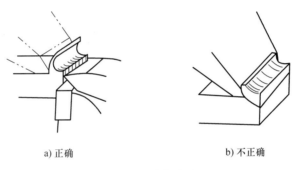

a) 正确　　　　　　　　b) 不正确

图 4-13　终錾方法

7）錾削安全技术。

① 不使用锤柄开裂和松动的锤子。

② 在錾削时不准戴手套，并戴好防护眼镜。

③ 錾子头部发现有毛刺时，应及时磨掉。

④ 不要正对着人进行錾削，以防錾屑飞出伤人。

4.2　手锯与锯削

1. 概述

用手锯对材料或工件进行切削加工的方法称为锯削。其特点是操作简单，使用方便，应用灵活、广泛。锯削适用于较小型材或工件，而对于较大型材或工件，可采用机械锯削加工。

1）分割各种材料或半成品。

2）锯掉工件上的多余部分。

3）在工件上锯槽。

2. 锯削工具

（1）手锯　手锯由锯弓和锯条两部分构成。

1）锯弓。锯弓是安装锯条的工具，有固定式和可调式之分。固定式锯弓安装的锯条只能是一种长度，如图4-14a所示；可调式锯弓根据调整锯弓长度可以安装各种不同长度的锯条，其锯柄形状符合手形的自然握法，便于用力，使用最广泛，如图4-14b所示。

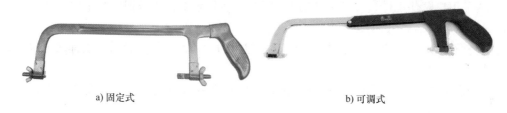

a) 固定式　　　　　　　　　　　　　b) 可调式

图4-14　锯弓的形式

2）锯条。锯条是用来直接锯削型材或工件的刀具，在锯削时起切削作用。锯条一般用渗碳软钢冷轧而成，也可以用经过热处理淬硬的碳素工具钢或合金钢制作。其规格参数为两端安装孔的中心距，常用的长度为300mm。锯齿的粗细用每25mm长度内的齿数表示，常用的有14、18、24和32等几种。锯齿粗细应根据材料的硬度和厚度来选用，锯齿的粗细规格及应用见表4-1。粗齿锯条适用于表面较大且较厚的软材料，每次锯削都会产生大量切屑，粗齿锯的容屑槽较大，可防止排屑不畅而产生堵塞现象。细齿锯条适用于锯削管子或薄而硬的材料。锯削这类材料，每次锯削产生的切屑少，不需太大的容屑空间。由于细齿锯条锯齿较密，使同时参与锯削的锯齿就会更多，每齿的锯削量小，容易切削，且可防止锯削薄板或管子时锯齿被钩住。

表4-1　锯齿的粗细规格及应用

类别	每25mm长度内的齿数	应用
粗	14～18	锯削软钢、黄铜、铝、铸铁、纯铜、人造塑胶材料
中	22～24	锯削中等硬度钢、厚壁的钢管、铜管
细	32	锯削薄片金属、薄壁管子

锯条单面有齿，相当于一排同样形状的錾子，每个齿都具有切削作用。锯齿的切削角度如图4-15所示，其前角$\gamma_o = 0°$，后角$\alpha_o = 40°$，楔角$\beta = 50°$。

（2）锯条的安装　手锯向前推进为起切削作用的运动方向，而向后拉动不起切削作用。在安装锯条时，注意锯齿方向，要使齿尖方向朝前，如图4-16a所示，这时前角为零。如果装反了，则前角为负值，不能进行锯削加工，如图4-16b所示。

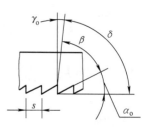

图4-15　锯齿的切削角度

3. 锯削

（1）锯削基本操作方法

1）手锯握法。右手满握锯弓手柄，左手轻扶锯弓前端，使在锯削时锯弓平稳运动，如图4-17所示。

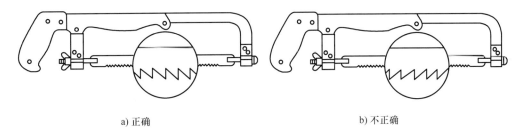

a) 正确   b) 不正确

图 4-16　锯条的安装方法

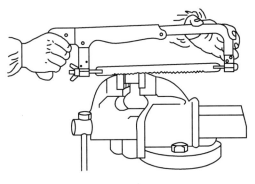

2）锯削姿势。正确的锯削姿势能提高工作效率。在锯削时，左腿弓，右腿绷，身体前倾，重心落在左脚上，两脚站稳不动，靠左膝的屈伸使身体进行小弧度的前后往复摆动。即在起锯时，身体稍向前倾，与垂直方向约成10°角，此时右肘尽量向后收，如图4-18a所示。随着推锯行程的增大，身体逐渐向前倾斜，如图4-18b所示。行程达2/3时，身体倾斜约18°，左右臂均向前伸出，如图4-18c所示。当锯削最后1/3行程时，用手腕推进锯

图 4-17　手锯的握法

弓，身体随着手锯的反作用力退回到15°位置，如图4-18d所示。锯削行程结束后取消压力，将手和身体都退回到最初位置。

注意：在锯削运动时身体摆动姿势要协调、自然。

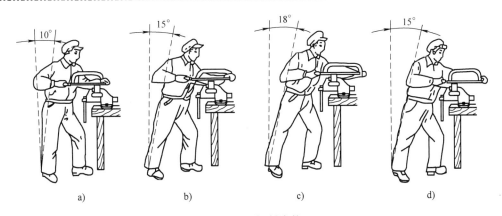

a)　　　　　　b)　　　　　　c)　　　　　　d)

图 4-18　锯削姿势

3）起锯。起锯有两种方法，一种是远起锯，另一种是近起锯。远起锯指从远离操作者的一端起锯，如图4-19a所示；近起锯指从靠近操作者的一端起锯，如图4-19c所示。起锯是锯削的开始，起锯质量的好坏，直接影响锯削质量。在起锯时，左手拇指掐住工件要锯削的部位，靠住锯条，使锯条处在所需要的正确位置，锯削行程短，压力小，速度慢。起锯角 θ 约15°，如果起锯角太大，起锯不容易平稳，特别是近起锯，锯齿会被工件棱边卡住，引

起崩齿现象，如图4-19b所示。但起锯的角度也不宜过小，否则锯齿与工件同时接触的齿数较多，不易切入材料。多次起锯往往容易发生偏离，使工件表面锯出许多锯痕，影响表面质量。起锯不当，一是出现锯条跳出锯缝将工件拉毛或引起锯齿崩断，二是锯缝与划线位置不一致，使锯削尺寸出现较大偏差。

一般情况下采用远起锯，因为远起锯锯齿是逐步切入材料，这样锯齿不易卡住，也较方便。起锯到槽深2~3mm时，锯条已不会滑出槽外，左手拇指可离开工件和锯条，端正锯弓逐渐使锯痕向后（向前）成为水平，然后往下正常锯削。当正常锯削时，尽量使锯条的全部有效齿都参加切削。

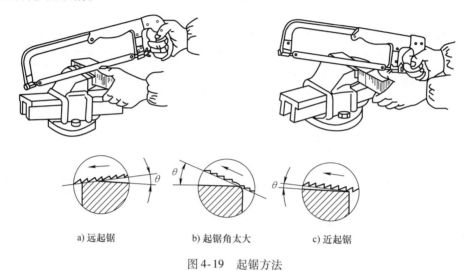

a) 远起锯　　　　　　b) 起锯角太大　　　　　c) 近起锯

图4-19　起锯方法

4）压力。在锯削运动时，推力和压力由右手控制，左手主要配合右手，使锯弓平稳运动，压力不要过大。手锯前进为切削行程，施加压力；返回行程不切削，自然拉回，不施加压力；在工件将要锯断时压力要小。

5）运动和速度。锯削运动一般采用小幅度的上下摆动，即手锯前进，身体略前倾，双手向手锯施加适当的压力，同时左手上翘，右手下压；回程时右手上抬，左手自然跟回。锯削运动的速度一般为20~40次/min，锯削硬材料速度稍慢，锯削软材料时速度要快些；锯削行程的速度应保持均匀，返回行程的速度应相对快些。必要时可用切削液冷却润滑。为避免锯条局部磨损，在锯削时一般应使锯条的行程不小于锯条长度的2/3。

（2）典型件锯削

1）管件锯削。由于划线精度对锯削精度要求不高，所以可用纸条按锯削尺寸绕工件外圆，如图4-20所示，然后用划针划出。锯削管件前，必须将管件夹正，然后进行锯削加工。但对于薄壁管件和精加工过的管件，为了防止将管件夹扁和损坏表面，可用两块木制带V形槽的衬垫在两钳口之间夹紧，如图4-21所示。

在锯削薄壁管件时，由于锯齿易被管壁钩住而崩齿，所以不能从一个方向连续锯削直至结束。应该先从一个方向锯到管件内壁处，然后把管件向推锯方向转动一定角度，并锯到管件内壁处，再转动一定角度。就这样不断改变锯削方向，直到锯断为止，如图4-21所示。

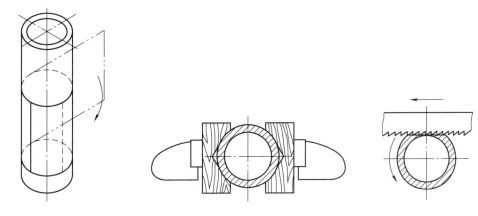

图 4-20　管件锯削线的划法　　　　图 4-21　管件的夹持和锯削

2）薄板料锯削。由于薄板料太薄，容易钩住锯齿而崩裂，所以在锯削时应尽量增大锯削面，可以采用两块木板或金属块夹持，连同木块或金属块一起锯削，如图 4-22a 所示；或者将薄板料夹在台虎钳上，用手锯斜锯，如图 4-22b 所示。

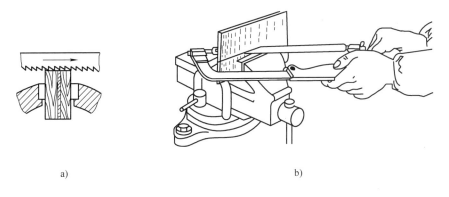

a)　　　　　　　　　　　　　　b)

图 4-22　薄板料锯削方法

3）深缝锯削。深缝是指锯缝的深度超过锯弓的高度。当锯弓碰到工件时，应将锯条拆下转过 90°或 180°重新安装，使锯弓不与工件相碰，从而顺利完成锯削加工，如图 4-23b、图 4-23c 所示。

4）锯削时的注意事项。

① 工件要牢靠地夹持在台虎钳上面或左侧，使工件伸出端尽量短，锯削线尽量靠近钳口，以防工件在锯削中产生振动甚至松动而折断锯条。薄板料、管件和已加工表面不能夹得太紧，防止工件表面产生变形。

② 正确安装锯条，不宜过松或过紧。起锯角不宜太大，以免锯齿崩裂。

③ 在锯削时两只手用力要合适，不能突然用力或用力过猛，以防工件棱边钩住锯齿使锯条崩裂。不能强行纠正锯歪的锯缝，以免折断锯条。

④ 当锯条部分被磨损时，不宜拉长锯路，以免锯条被卡住而折断。

⑤ 当中途停锯时，手锯要从锯缝中取出，以免碰断锯条。

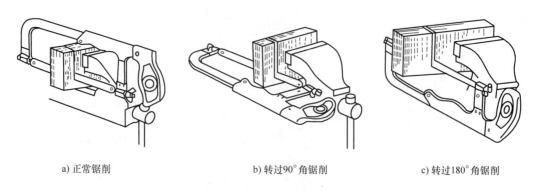

a) 正常锯削　　　　　　　　b) 转过90°角锯削　　　　　　c) 转过180°角锯削

图 4-23　深缝的锯削方法

4.3　锉刀与锉削

1. 锉削概述

用锉刀对工件表面进行切削加工的方法叫锉削。

锉削的加工范围包括：内外平面、内外曲面、内外角、沟槽和各种复杂形状的表面。在现代工业生产过程中，仍然有某些工件需要用手工锉削来完成，如装配过程中对个别工件的修整、修理；在少件生产条件下，如样板、模具中复杂形状工件的加工。所以，锉削仍是钳工的一项重要基本操作。

2. 锉削工具

（1）用途　锉削或修整金属工件的表面和孔、槽。整形锉可用于修整螺纹或去除毛刺。

（2）材料　T12 或 T13。

（3）类型

1）钳工锉（QB/T 3845—1999），如图 4-24a 所示。根据截面形状分为齐头扁锉、方锉、三角锉、半圆锉、圆锉等。钳工锉（齐头扁锉、尖头扁锉、半圆锉、圆锉、方锉和三角锉）根据主锉纹的密度，锉纹号分为 1~5 等，其中 1 号最粗，5 号最细。

2）整形锉（QB/T 2569.3—2002），如图 4-24b 所示。根据截面形状分为扁锉、尖头扁锉、半圆锉、三角锉、方锉、圆锉、单面三角锉、刀形锉等。锉纹号分为 00~8 共 10 等，其中 00 号最细，8 号最粗。

（4）规格参数　钳工锉为不连柄长度，常用规格有 150mm、200mm、250mm、300mm、350mm、400mm；整形锉为全长，常用规格有 100mm、120mm、140mm、160mm、180mm。

（5）使用注意事项　根据工作需要，选择合适的类型、规格；不能用普通锉锉淬火表面；不能把锉刀当锤子或撬杠使用；在用锉时应注意安全。

3. 锉削

（1）锉刀的选用及安装　锉刀是锉削的主要工具，用高碳工具钢 T12、T13 制成，经热处理后切削部分的硬度为 62~72 HRC。锉刀各部分名称如图 4-25 所示。

（2）锉刀的选用　锉齿的粗细选择要根据工件的加工余量、尺寸精度、表面粗糙度和材质来决定，见表 4-2。

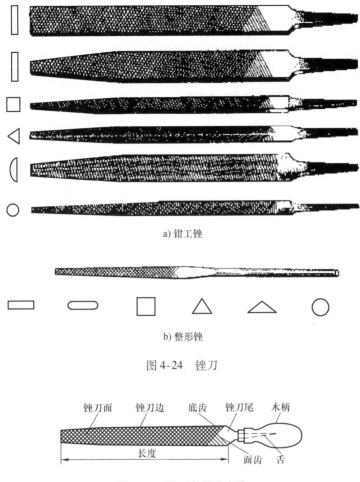

a) 钳工锉

b) 整形锉

图 4-24　锉刀

图 4-25　锉刀各部分名称

锉刀面　锉刀边　底齿　锉刀尾　木柄

长度

面齿　舌

表 4-2　锉齿粗细的选择

锉齿粗细	适用场合		
	加工余量/mm	尺寸精度/mm	表面粗糙度 Ra/μm
粗齿	0.5 ~ 2	0.2 ~ 0.5	10.0 ~ 25
中齿	0.2 ~ 0.5	0.05 ~ 0.2	12.5 ~ 6.3
细齿	0.05 ~ 0.2	0.01 ~ 0.05	6.3 ~ 3.2

（3）锉刀手柄的安装和拆卸

安装手柄时，先将锉柄自然插入柄孔，再将锉刀轻轻蹾紧，如图 4-26a 所示；也可用锤子击打直至插入锉柄长度约为 3/4 为止。图 4-26b 所示为错误的安装方法，单手持木柄蹾紧，可能会使锉刀因惯性而跳出木柄的安装孔而伤手。拆卸手柄的方法如图 4-26c 所示，在台虎钳钳口上轻轻地将木柄敲松后取下。

（4）工件的装夹　将工件夹持在钳口中间，锉削面尽可能靠近钳口，以防振动。但夹紧力也不能太大，以防工件被夹变形。在装夹已加工表面时，应在两钳口之间加铜或铝片等

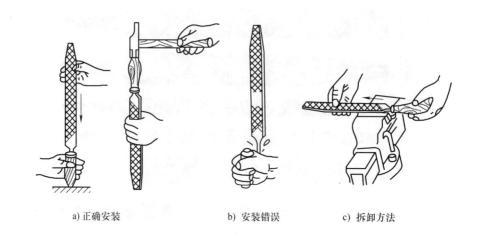

a) 正确安装　　　　　　　　b) 安装错误　　　　　　　c) 拆卸方法

图 4-26　锉刀手柄的安装和拆卸

软衬垫，以防夹坏工件表面。

（5）锉刀的握法　大于 250mm 扁锉的握法，如图 4-27a 所示。右手握住锉刀柄，将其顶在拇指根部，拇指放在手柄上方，其余四指由下而上自然握紧锉刀柄；左手掌放在锉梢上方，拇指根部轻压在锉刀刀头上，中指、无名指捏住锉刀前端。在锉削时右手推动锉刀运动，左手配合右手使锉刀保持平衡。左手的另外两种握法，如图 4-27b、图 4-27c 所示。锉削时的站立姿势与锯削时相同。

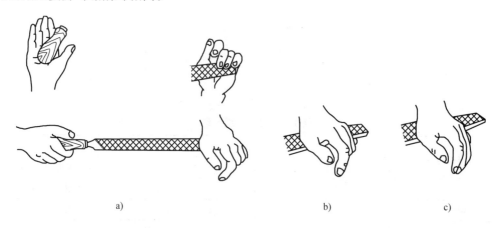

a)　　　　　　　　　　　　　　　　b)　　　　　c)

图 4-27　扁锉的握法

（6）平面锉削的姿势　锉削时的站立步位、姿势及锉削动作，如图 4-28 所示：两手握住锉刀放在工件上面，左臂弯曲，小臂与工件锉削面的左右方向保持基本平行，右小臂要与工件锉削面的前后方向保持基本平行，但要自然。锉削时，身体先于锉刀并与之一起向前，右脚伸直并稍向前倾，重心在左脚，左膝部呈弯曲状态。当锉刀锉至约 3/4 行程时，身体停止前进，两臂则继续将锉刀向前锉到头，同时，左脚自然伸直并随着锉削时的反作用力，将身体重心后移，使身体恢复原位，并顺势将锉刀收回。当锉刀收回将近结束时，身体又开始先于锉刀前倾，作第二次锉削的向前运动。

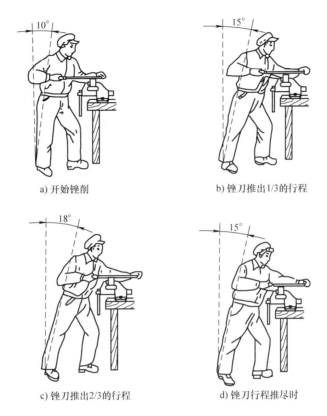

a) 开始锉削　　　　　　　　b) 锉刀推出1/3的行程

c) 锉刀推出2/3的行程　　　　d) 锉刀行程推尽时

图 4-28　锉削姿势

当锉刀推到 2/3 行程时，身体逐渐倾斜到 18°左右，如图 4-28c 所示。左腿继续弯曲，左肘渐直，右臂向前使锉刀继续推进，直到推尽，身体随着锉刀的反作用力退回到 15°位置如图 4-28d 所示。行程结束后，把锉刀略微抬起，使身体与手回复到开始时的姿势，如此反复。

（7）平面锉削方法　有顺向锉、交叉锉和推锉 3 种方法。

1）顺向锉是最基本的锉削方法，用于不大的锉削平面和最后的锉光，如图 4-29 所示。锉刀运动方向与工件夹持方向一致。在锉宽平面时，锉刀应在横向作适当的移动。锉纹整齐一致，比较美观。

2）交叉锉如图 4-30 所示。用以增大锉刀与工件接触面，使锉刀平稳，并且能从交叉的刀痕上判断锉面的凸凹情况。锉刀运动方向与工件夹持方向成 30°～40°角，且锉纹交叉。锉刀易掌握平稳。交叉锉一般适用于粗锉。当锉削余量大时，一般可在前阶段用交叉锉，以提高速度。当锉削余量小时，再改用顺向锉，使锉纹方向一致，提高工件表面质量。

3）推锉用于锉削窄而长的平面或不便采用顺向锉削的场合。推锉的运动方向不是锉齿的切削方向，并且不能充分发挥手的力量，所以，推锉只适合于锉削余量小的场合，如图 4-31所示。

（8）两手的用力和锉削速度　要锉出平直平面，必须使锉刀保持直线运动。在锉削时右手的压力要随锉刀推动而逐渐增加，左手的压力要随锉刀推动而逐渐减小，回程不加压，以减小锉齿的磨损。速度一般应在 40 次/min 左右，在推出时稍慢，回程时稍快，动作自然协调。

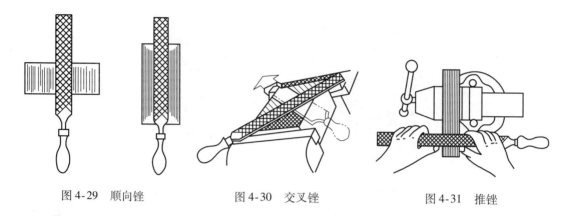

图 4-29　顺向锉　　　　　图 4-30　交叉锉　　　　　图 4-31　推锉

（9）曲面锉削　用锉刀对工件曲面进行切削加工的方法叫曲面锉削。其加工方法有以下 3 种。

1）凸弧面的锉削方法。

① 顺向滚锉法，如图 4-32a 所示。锉刀同时完成前进运动和绕工件圆弧圆心转动。顺着圆弧锉，能得到较光滑的圆弧面，所以这种方法适用于精锉。

② 横向滚锉法，如图 4-32b 所示。锉刀的主要运动是沿着圆弧的轴线方向作直线运动，同时锉刀不断沿着圆弧面摆动。这种锉削方法效率高，但只能锉成近似圆弧面的多棱形面，故多用于圆弧面的粗锉。

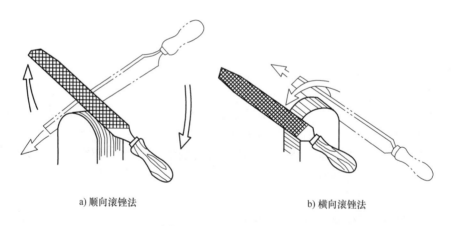

a) 顺向滚锉法　　　　　　　　　　　　b) 横向滚锉法

图 4-32　凸弧面锉削方法

2）凹圆弧面锉削方法。在锉凹圆弧面时，锉刀要同时完成以下 3 个运动，如图 4-33 所示。沿轴向作前进运动，以保证沿轴向全程切削。向左或向右移动半个至一个锉刀直径，以避免加工表面出现棱角。绕锉刀轴线移动（约 90°），若只有前两个运动而没有这一个转动，锉刀的工作面仍不是沿工件的圆弧曲线运动，而是沿工件圆弧的切线方向运动。

3）平面与曲面的连接方法。一般情况下，应先加工平面，然后加工曲面，便于使曲面与平面圆滑连接。如果先加工曲面后加工平面，则在加工平面时，由于锉刀无依靠（平面与内圆弧连接时）而产生左右移动，使已加工曲面损伤，同时连接处也不易锉得圆滑，或圆弧不能与平面相切（在平面与外圆弧面连接时）。

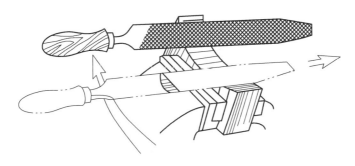

图 4-33 凹圆弧面的锉削方法

（10）球面锉削 在锉削圆柱形工件端部的球面时，锉刀要一边沿凸圆弧作顺向滚锉动作，一边绕球面的球心在圆周方向作相应的摆动，两种锉削运动结合进行，才能获得符合要求的球面，如图 4-34 所示。

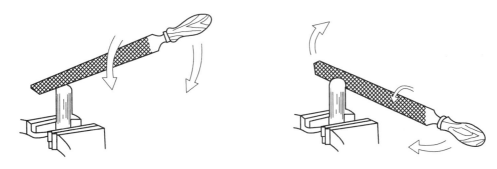

图 4-34 球面锉削

第5章 钻孔、扩孔与铰孔

5.1 钻头与钻孔

1. 概述

用钻头在实体材料上加工孔叫钻孔。在钻床上钻孔时，一般情况下，钻头应同时完成两个运动：主运动，即钻头绕轴线的旋转运动（切削运动）；辅助运动，即钻头沿着轴线方向对着工件的直线运动（进给运动）。在钻孔时，主要由于钻头结构上存在的缺点，影响加工质量，公差等级一般在 IT10 级以下，表面粗糙度值为 $Ra12.5\mu m$ 左右，属于粗加工。

2. 钻孔刀具

（1）麻花钻　麻花钻有直柄和锥柄两种，如图 5-1 所示。它由柄部、颈部和切削部分组成，如图 5-2 所示。它有两个前面，两个后面，两个副切削刃，一个横刃，一个顶角（116°～118°）。

a) 直柄钻头

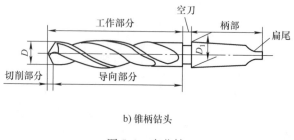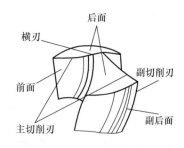

b) 锥柄钻头

图 5-1　麻花钻

图 5-2　麻花钻切削部分的名称

（2）麻花钻的装拆

1）直柄麻花钻的装拆。直柄麻花钻用钻夹头夹持，先将麻花钻柄塞入钻夹头的三卡爪内，夹持长度不小于 15mm，然后用麻花钻钥匙旋转外套而夹紧，如图 5-3 所示。

2）锥柄麻花钻的装拆。锥柄麻花钻用柄部的莫氏锥体直接连接主轴。在连接时必须擦干净麻花钻锥柄和主轴锥孔，并且矩形舌部的方向与主轴上的腰形孔中心线方向一致，利用冲力一次装夹，如图 5-4a 所示。当麻花钻锥柄小于主轴锥孔时，可加过渡套连接，如图 5-4b 所示。对套筒内的麻花钻和在钻床主轴上的麻花钻的拆卸是用斜铁打入腰形孔内，利用斜铁斜面的向下分力，使麻花钻与套筒或主轴分离，如图 5-4c 所示。

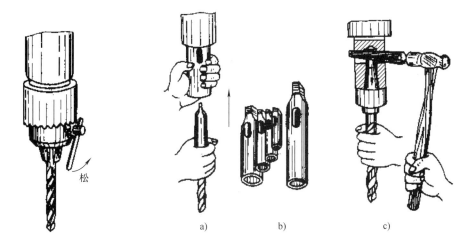

图5-3　用钻夹头夹持　　　　图5-4　锥柄麻花钻的装拆及过渡锥套

（3）麻花钻的刃磨

1）标准麻花钻的刃磨及检验方法。

① 两手握法。右手握住麻花钻的头部，左手握住柄部，如图5-5所示。

② 麻花钻与砂轮的相对位置。麻花钻轴线与砂轮圆柱母线在水平面内的夹角等于麻花钻顶角的1/2，被刃磨部分的主切削刃处于水平位置，如图5-5a所示。

③ 刃磨动作。将主切削刃在略高于砂轮水平中间平面处先接触砂轮，如图5-5b所示，右手缓慢地使麻花钻绕其轴线由下向上转动，同时施加适当的刃磨压力，这样可使整个后面都磨到。左手配合右手作缓慢的同步下压运动，刃磨压力逐渐加大，这样便于磨出后角，其下压的速度及幅度随要求的后角大小而变。为保证麻花钻近中心处磨出较大后角，还应作适当的右移运动。在刃磨时两手动作的配合要协调、自然。按此不断反复，两后面要经常轮换，直至达到刃磨要求。

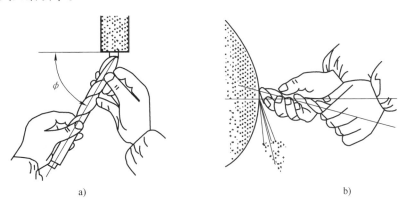

图5-5　麻花钻刃磨时与砂轮的相对位置

2）麻花钻横刃的修磨。标准麻花钻的横刃较长且横刃处前角存在较大的负值，因此在钻孔时，横刃长，定心作用不好，麻花钻容易发生抖动。所以，对于直径大于ϕ6mm的麻花钻必须修短横刃，并适当增大靠近横刃处的前角。

① 修磨要求。把横刃磨短成 $b = 0.5 \sim 1.5$mm，修磨后形成内刃，使内刃斜角 $\tau = 20° \sim 30°$，内刃处前角 $\gamma_\tau = -15° \sim 0°$，如图 5-6、图 5-7 所示。

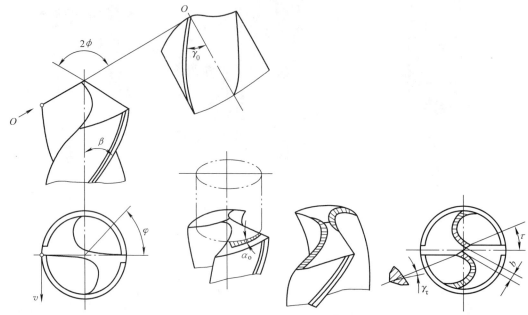

图 5-6　标准麻花钻的刃磨角度　　　　　　图 5-7　横刃修磨的几何参数

② 在修磨时麻花钻与砂轮的相对位置。麻花钻轴线在水平面内与砂轮侧面左倾约 15°，在垂直平面内与刃磨点的砂轮半径方向倾斜约 55°，如图 5-8 所示。

③ 标准麻花钻的刃磨如口诀：刃口摆平轮面靠，钻轴斜放出锋角，由刃向背磨后面，上下摆动尾别翘。

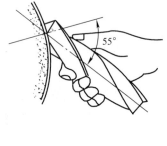

3. 钻孔设备

（1）台式钻床

台式钻床简称台钻，是一种放在台面上使用的小型钻床。

图 5-8　横刃修磨方法

1）台钻的种类。图 5-9 所示是常见的台式钻床的外观。

台钻的钻孔直径一般在 15mm 以下，使用台钻最小可以加工直径为十分之几毫米的孔。台钻主要应用于电器、仪表行业及一般机器制造业的钳工装配工作。

2）台钻的结构特点。台钻的布局形状与立钻相似，但结构较简单。因台钻的加工孔径很小，故主轴转速往往很高（在 400r/min 以上），因此不宜在台钻上进行锪孔、铰孔和攻螺纹等操作。为保持主轴运转平稳，常采用 V带传动，并由五级塔形带轮来进行速度变换。

a) Z4112　　　　　　　　　b) Z512B

图 5-9　常见的台式钻床的外观

需要说明的是，台钻主轴进给只有手动进给，一般都具有控制钻孔深度的装置。钻孔后，主轴能在涡圈弹簧的作用下自动复位。图 5-10 为 Z512 型台钻的结构简图。在钻孔时，若工件较小，可直接放在工作台上钻孔；若工件较大，应把工作台转开，直接放在钻床底座上钻孔。

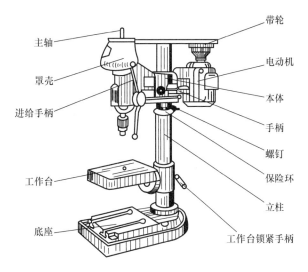

图 5-10 Z512 型台钻的结构简图

3）台钻的操作。

① 主轴转速的调整：需根据钻头直径和加工材料的不同，选择合适的转速。调整时应先停止主轴的运转，打开罩壳，用手转动带轮，并将 V 带挂在小带轮上，然后再挂在大带轮上，直至将 V 带挂到适当的带轮上为止。

② 工作台上下、左右位置的调整：先用左手托住工作台，再用右手松开锁紧手柄，并摆动工作台使其向下或向上移动到所需位置，然后再将锁紧手柄锁紧。

③ 主轴进给位置的调整：主轴的进给是靠转动进给手柄来实现的。钻孔前应先将主轴升降一下，以检查工件放置高度是否合适。

4）台钻的使用维护注意事项。

① 用压板压紧工件后再进行钻孔，当孔将要钻透时，要减少进给量，以防工件被甩出。

② 在钻孔时工作台面上不准放置工具、量具等物品，在钻通孔时须使钻头通过工作台面，在刀孔或工件下面垫一垫块。

③ 台钻的工作台面要经常保持清洁，使用完毕须将台钻外露的滑动面和工作台面擦干净，并加注适量润滑油。

几种轻型台钻的主要参数见表 5-1。

表 5-1 几种轻型台钻的主要参数

型号	ZQ4116/ZQ4119	ZQ4125/ZQ4132	ZQD4125
最大钻孔直径/mm	16/19	25/31.5	25
主轴锥度	MT2	MT3	MT3
主轴最大行程/mm	85	110	110

（续）

型号	ZQ4116/ZQ4119	ZQ4125/ZQ4132	ZQD4125
主轴中心线至立柱表面距离/mm	180	200	200
主轴端至工作台面最大距离/mm	432	485	490
主轴转速范围/(r/min)	270~2880	200~2260	200~2260
工作台台面尺寸/(长/mm)×(宽/mm)	230×230	280×280（φ360）	280×280（φ360）
电动机功率/kW	0.55	0.75	0.75
总高/mm	950	1109	1680
总质量/kg	65	110	125

（2）立式钻床 立式钻床简称立钻，是应用较为广泛的一种钻床。其特点是主轴轴线垂直布置且位置固定。在钻孔时，为使刀具旋转中心线与被加工孔的中心线重合，必须移动工件才行。因此，立钻适用于加工中小型工件上的孔。图 5-11 所示为不同型号立钻的外观。

立钻的钻孔直径有 25mm、35mm、40mm 和 50mm 等不同规格，在工作时可以自动进给，主轴转速和进给量都有较大的变动范围。

a) Z5132　　b) Z5140B

图 5-11　不同型号立钻的外观

1）立钻的结构组成及传动原理。图 5-12所示为 Z535 型立钻的结构，主要由 8 个部件组成。

图 5-13 所示为立钻的传动原理图，它的主运动一般采用单速电动机经齿轮分级变速机构传动；主轴转动方向的变换是靠电动机的正反转实现的；进给运动由主轴带动并与主运动共用一个动力源，进给运动传动链中的换置机构通常为滑移齿轮变速机构。

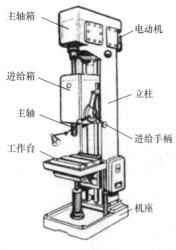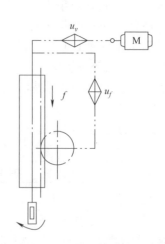

图 5-12　Z535 型立钻的结构组成　　　　图 5-13　立钻的传动原理图

两种型号立钻的基本参数见表 5-2。

表 5-2 两种型号立钻的基本参数

型号	Z5040	Z5032
最大钻孔直径/mm	40	32
主轴锥度	MT4	MT3
主轴最大行程/mm	150	120
主轴端至工作台面最大距离/mm	800	750
主轴线至立柱表面距离/mm	300	267.5
主轴转速范围/(r/min)	100～2550	65～1380
工作台台面尺寸/mm	$\phi380$	$\phi380$
电动机功率/kW	0.851/1.1 双速	1.1, 6 级
总高/mm	1910	1910
总质量/kg	390	380

2）立钻主轴转速和进给的调整。

① 主轴转速的调整。可根据钻头直径和工件材料来确定主轴转速，变速手柄用来变换转速，通过正反转手柄来控制主轴正反转及停止。

② 工作台升降装置的调整。可根据工件钻孔位置的高低，通过转动工作台升降手柄，使工作台上下移动进行调整。此外，还有一种立钻的工作台是圆形的，可围绕其圆柱形床身旋转，如图 5-14 所示。

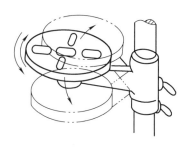

图 5-14 圆柱式立钻工作台

③ 主轴进给的调整。主轴进给分自动和手动两种。当用自动进给时，应先确定进给量，再将两只进给手柄拨至所需位置，然后将端盖向外拉，并相对于手柄顺时针旋转 20°，使其处于自动进给位置；当用手动进给时，应将端盖相对于手柄逆时针旋转 20°，并向里推至原位。此时逆时针旋转手柄是进给，顺时针旋转则是退出。

3）立钻的操作要领。

① 在工作前按机床润滑要求加润滑油，同时，检查手柄位置是否正常，导轨面有无杂物。

② 若不用自动进给，须将端盖向里推，以断开自动进给的传动线路。

③ 在立钻使用前必须先空转试运行，在机床各机构都能正常工作时才可操作。

④ 在钻孔时，工件、夹具、刀具的装夹要牢固，保证有良好的安全性。

⑤ 钻孔加工完毕，应将手柄拨至停止档位或空档位，使工作台降至最低位置并断开电源，然后按机床清洁标准擦拭机床并涂油保护。

⑥ 当变换主轴转速或机动进给量时，必须在停机后进行。

⑦ 需经常检查润滑系统的供油情况。

⑧ 维护保养内容参照立钻一级保养要求。

（3）摇臂钻床 摇臂钻床有一个能绕立柱回转的摇臂，摇臂带着主轴箱可沿立柱垂直移动，同时主轴箱还能在摇臂上作横向移动。由于摇臂钻床结构上的这些特点，在操作时能很方便地调整刀具的位置，以对准被加工孔的中心，而不需移动工件来进行加工。因此，摇臂钻床适用于一些笨重的大工件及多孔的工件的加工，它广泛地应用于单件或成批量生产中，如图5-15所示。

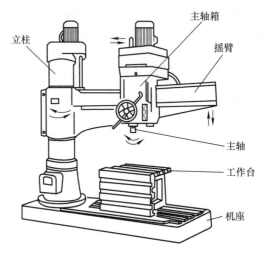

图 5-15　摇臂钻床

实习中常用的摇臂钻床型号含义为：

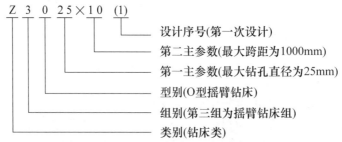

（4）钻削时的切削用量

1）背吃刀量 a_p。背吃刀量是指待加工表面到已加工表面之间的垂直距离，其单位为mm。对钻孔而言，钻头轴线所指的工件表面为待加工表面，钻后的孔壁为已加工表面，两表面的垂直距离具体是指钻头轴线中心点到孔圆上任一点的直线距离。在数值上，钻头的半径即为背吃刀量。应注意，背吃刀量的含意不要与钻孔深度混同。在实体材料上钻孔时

$$a_p = d/2$$

式中　d——钻头的直径（mm）。

2）进给量 f。进给量一般是指钻头转一转时在轴向移动的距离，其单位为 mm/r。由于钻头有两个主切削刃，即称两个刀齿，故进给量可以用每齿进给量来表示，其值为 $f/2$，单位是 mm/z。

3）切削速度 v_c（或称钻削速度）。以钻头最大直径处的圆周速度来计算，计算公式如下

$$v_c = \frac{\pi dn}{60 \times 1000}$$

式中　v_c——钻削速度（m/s）；

n——钻头转速（r/min）；

d——钻头直径（mm）。

在钻削时，其切削用量三要素如图 5-16 所示。

4. 钻孔

（1）钻孔加工 用钻头在实体材料上加工孔的操作方法叫钻孔。在钻床上钻孔时，工件装在工作台上，钻头装在主轴上的钻夹头上，钻头一边旋转（切削运动），一边沿钻头轴线向下作直线运动（进给运动），如图 5-17 所示。在钻孔时，钻孔加工公差等级一般可达到 IT9 ~ IT10，表面粗糙度 $Ra \geqslant 12.5 \mu m$。

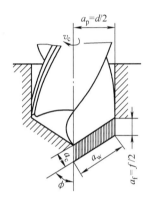
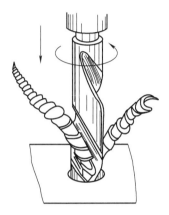

图 5-16　钻削要素　　　　　　图 5-17　钻孔

（2）孔加工基本操作方法

1）钻孔前的划线及打样冲眼。样冲用来在工件已划好的线上打样冲眼，以及作划圆弧线或在钻孔时的定位中心。材料一般为工具钢，尖端部位淬硬，其顶尖角度一般为 40° ~ 60°。

在打样冲时，先将样冲外倾使尖端对准线条或线条交点，然后再将样冲立直冲眼，如图 5-18 所示。样冲眼的位置要准确，不能偏离准线条或线条交点，如图 5-19 所示。冲点布置要合理，圆弧上一般为 4 ~ 8 个，直线上距离可大些，线条的交叉转折处必须有冲点；样冲眼在薄板或光滑表面上要浅些，在粗糙表面上要深些。

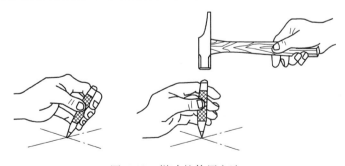

图 5-18　样冲的使用方法

按钻孔的位置和要求，划出两条相互垂直的中心线为孔位，并在交点上打中心样冲眼（要求冲点要小，位置要准）。按孔的大小划出孔的圆周线，如图 5-20 所示。如果孔径较

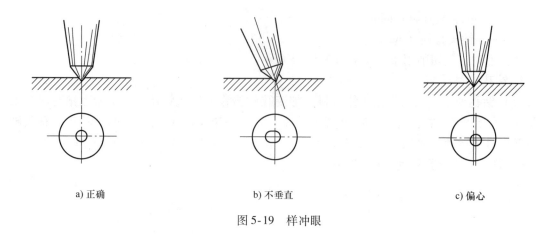

a) 正确   b) 不垂直   c) 偏心

图 5-19　样冲眼

大，还应划出几个大小不等的检查圆，以便在钻孔时检查和校正钻孔位置。当钻孔的位置尺寸要求较高时，也可直接划出以孔中心线为对称中心的几个大小不等的方框，作为钻孔时的检查线，然后将中心样冲眼敲大，以便准确落钻定心。

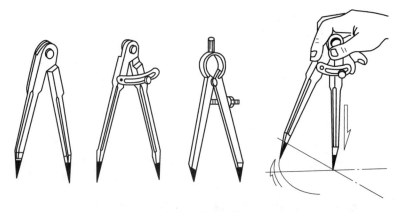

图 5-20　划圆周线

2）工件的装夹。在钻孔时，要根据工件的不同形体及钻削力的大小等情况，采用相应的装夹方法，以保证钻孔的质量和安全。常用的工件装夹方法如图 5-21 所示。

① 平整的工件可用机用虎钳装夹，如图 5-21a 所示。在装夹时，应使划线工件表面与钻头垂直。当钻大于 $\phi 8mm$ 的孔时，必须将机用虎钳用螺栓、压板固定。当用机用虎钳夹持工件钻通孔时，工件底部应垫上垫铁，空出落钻部位，以免钻坏机用虎钳。

② 圆柱形的工件可用 V 形铁对工件进行装夹，如图 5-21b 所示。在装夹时应使钻头轴线垂直通过 V 形铁的中间平面，保证钻出孔的中心线通过工件轴线。

③ 在对较大的工件钻孔且钻孔直径大于 $\phi 10mm$ 时，可用压板夹持进行钻孔，如图 5-21c 所示。

④ 面不平或加工基准在侧面的工件时，可用角铁进行装夹，如图 5-21d 所示。由于在钻孔时的轴向切削力作用在角铁安装平面之外，故角铁必须用压板固定在钻床工作台上。

⑤ 在小型工件或薄板件上钻小孔时，可将工件放置在定位块上，用手虎钳进行夹持，如图 5-21e 所示。

⑥ 在圆柱形工件端面钻孔时，可利用自定心卡盘进行装夹，如图 5-21f 所示。钻头在钻床主轴上应装接牢固，且在旋转时径向圆跳动量应最小。

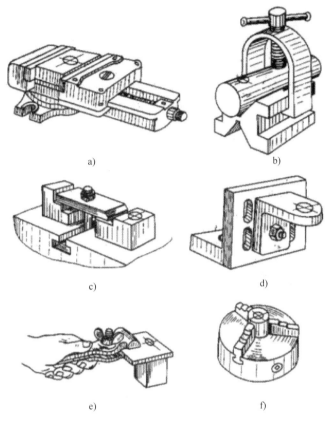

a)

b)

c)

d)

e)

f)

图 5-21　工件装夹方法

3）起钻。在钻孔时，先使钻头对准钻孔中心起钻出一浅坑，观察钻孔位置是否正确，并要不断校正，使浅坑与划线圆同轴。校正方法：如果偏位较少，可在起钻的同时用力将工件向偏位的反方向推移，达到逐步校正；如果偏位较多，可在校正方向打上几个样冲眼或用油槽錾錾出几条槽，以减小此处的钻削阻力，达到校正目的。无论采用哪种方法，都必须在锥坑外圆小于钻头直径之前完成，如果起钻锥坑外圆已经达到孔径，而孔径偏移再校正就困难了。

4）手动进给操作。当起钻达到钻孔的位置要求后，即可压紧工件完成钻孔。在手动进给时，进给用力不应使钻头出现弯曲，以免钻头轴线歪斜；钻小直径孔或深孔时，进给力要小，并要经常退钻排屑，以免切屑阻塞而扭断钻头。一般在钻孔深度达直径的 3 倍时，一定要退钻排屑；在孔将钻穿时，进给力必须减小，以防进给量突然过大，增大切削抗力，造成钻头折断或使工件随着钻头转动造成事故。

5）深孔钻削。通常把深度和直径比大于 5 的孔称为深孔。钻削深孔的方法有以下 2 种。

① 用加长麻花钻钻削深孔。在深孔钻削时，用一般的麻花钻长度不够，需用接长的钻头采用分级进给的方法来加工。即在钻削过程中，钻头加工一定时间或一定深度后退出工件，以排出切屑，冷却刀具，然后重复进刀和退刀，直至加工完毕。

② 用两边钻孔的方法钻削深孔。当钻通孔而没有加长钻头时，可采用两边钻孔的方法，先在工件的一边钻至孔深的 1/2，再将一块平行垫块装压在钻床工作台上，并在上面钻一个一定直径的定位孔。把定位销的一端压入孔内，定位销另一端与工件已钻孔为间隙配合，然后以定位销定位将工件放在垫板上进行钻孔，这样可以保证两面孔的同轴度。当孔快钻通时，进给量要小，以免因两孔不同轴而将钻头折断。

6）操作钻床的注意事项。

① 在操作钻床时不可戴手套，袖口必须扎紧；女生必须戴工作帽。

② 工件必须夹紧，特别在小工件上钻较大直径孔时必须牢固，当孔将被钻穿时，要尽量减小进给力。

③ 在开动钻床前，应检查是否有钻夹头钥匙或斜铁插在钻轴上。

④ 在钻孔时不可用手和棉纱布或用嘴吹来清除切屑，必须用毛刷清除，当钻出长条切屑时，要用钩子钩断后除去。

⑤ 操作者的头部不准与旋转着的主轴靠得太近，当停机时应让主轴自然停止，不可用手制动，也不能用反转制动。

⑥ 严禁在开机状态下装拆工件。检验工件和变换主轴转速，必须在停机状态下进行。

⑦ 在清洁钻床或加注润滑油时，必须切断电源。

7）立钻的维护保养注意事项。立钻的维护保养是指设备的日常维护保养和一级、二级维护，下面分别介绍。

① 立钻的日常维护保养。该保养由操作者进行，又称日保，须满足整齐、清洁、安全、润滑 4 项要求。

② 立钻的一级、二级保养。该保养的进行是以操作者为主，维修者为辅，主要内容如下。

a. 机床外观：主要是清洁机床表面、工作台、丝杠、齿条、锥齿轮，以及清除导轨面和工作台面上出现的毛刺并补齐螺钉、手柄球等。

b. 主轴和进给箱：清除主轴锥孔的毛刺，调整电动机传动带和检查各手柄位置。在做二级保养时要清洗和换油，并更换传动机构中的磨损件。

c. 电气：清扫电动机和电气箱，在二级保养时要按需要拆洗电动机和更换油脂。

d. 冷却：清洗冷却泵、过滤器及冷却油槽并检查管路，在做二级保养时要更换切削液。

e. 润滑：检查油质、油量和油路并清洗油毡。

5.2 扩孔、锪孔及其加工

1. 概述

在工件上扩大原有的孔（如铸出、锻出或钻出的孔）的工作叫扩孔。在原有孔的孔口表面加工出各种形状的浅孔（如圆柱形沉孔、圆锥形沉孔或凸台端面等）的工作称为锪孔。扩孔所使用的刀具称为扩孔钻，锪孔所用的刀具统称为锪钻。

2. 扩孔加工

用扩孔钻扩孔，可以是为铰孔做准备，也可以是精度要求不高的孔加工的最终工序。在钻孔后进行扩孔，可以校正孔的轴线偏差，使其获得较正确的几何形状与较小的表面粗糙度值。扩孔的加工经济公差等级为 IT10 ~ IT11，表面粗糙度值为 $Ra3.2 ~ 6.3\mu m$。

（1）用麻花钻扩孔　如果孔径较大或孔面有一定的表面质量要求，则孔不能用麻花钻在实体上一次钻出，常用直径较小的麻花钻预钻一孔，然后用修磨的大直径麻花钻进行扩孔。由于在扩孔时避免了麻花钻横刃切削的不良影响，所以在扩孔时可适当提高切削量，同时，由于吃刀量的减小，切屑容易排出，故可减小孔的表面粗糙度值。

在用麻花钻扩孔时，扩孔前的钻孔直径为所扩孔径的 50% ~ 70%，扩孔时的切削速度约为钻孔时的 1/2，进给量为钻孔时的 1.5 ~ 2 倍。

（2）用扩孔钻扩孔　为提高扩孔的加工精度，在预钻孔后，在不改变工件与机床主轴相互位置的情况下，换上专用扩孔钻进行扩孔。这样可使扩孔钻的轴线与已钻孔的中心线重合，使切削平稳，保证加工质量。扩孔钻对已有的孔进行再加工时，其加工质量及效率优于麻花钻。

专用扩孔钻与麻花钻形状相似，不同的是扩孔钻通常有 3 ~ 4 个切削刃，主切削刃短，没有横刃，其顶端平，螺旋槽较浅，故钻芯粗，刀体的强度和刚度好，导向性好，切削平稳。扩孔钻刀体上的容屑空间可通畅地排屑，因此可以扩不通孔。

对于在原铸孔、锻孔上进行扩孔，为提高质量，可先用镗刀镗出一段直径与扩孔钻相同的导向孔，然后再进行扩孔。这样可使扩孔钻在一开始进行扩孔时就有较好的导向，而不会随原有不正确的孔偏斜。

扩孔钻的结构有高速钢整体式，如图 5-22a 所示；镶齿套式，如图 5-22b 所示；镶硬质合金套式，如图 5-22c 所示。

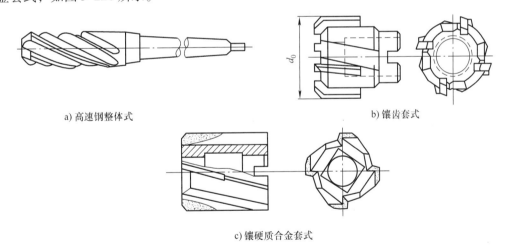

a) 高速钢整体式　　　　　　　　　　　　　　b) 镶齿套式

c) 镶硬质合金套式

图 5-22　扩孔钻

（3）扩孔的余量与切削用量　扩孔的余量一般为孔径的 1/8 左右，对于小于 $\phi25mm$ 的孔，扩孔余量为 1 ~ 3mm；对于较大的孔，扩孔余量为 3 ~ 9mm。

扩孔时的进给量大小主要受表面质量要求限制，切削速度受刀具寿命限制。

3. 锪孔加工

锪钻是用来加工各种沉头孔和锪平孔口端面的。锪钻通常是通过其定位导向结构（如导向柱）来保证被锪的孔或端面与原有孔的同轴度或垂直度要求。

锪钻一般分柱形锪钻、锥形锪钻和端面锪钻 3 种。

（1）柱形锪钻　锪圆柱形埋头孔的锪钻称为柱形锪钻，其结构如图 5-23a 所示。柱形锪钻起主要切削作用的是端面切削刃，螺旋槽的斜角就是它的前角（$\gamma_o = \beta = -15°$），后角 $\alpha_o = 8°$。锪钻前端有导柱，导柱直径与工件已有孔为紧密的间隙配合，以保证起到良好的定心和导向作用。一般导柱是可拆的，也可以把导柱和锪钻做成一体。

（2）锥形锪钻　锪锥形埋头孔的锪钻称为锥形锪钻，其结构如图 5-23b 所示。锥形锪钻的锥角按工件锥形埋头孔的要求不同，有 60°、75°、90°、120°四种，其中 90°的用得最多。锥形锪钻直径在 12～60mm，齿数为 4～12 个，前角 $\gamma_o = 0°$，后角 $\alpha_o = 6°～8°$。为了改善钻尖处的容屑条件，每隔一齿将切削刃切去一块。

（3）端面锪钻　专门用来锪平孔口端面的锪钻称为端面锪钻，如图 5-23c 所示。其端面刀齿为切削刃，前端导柱用来导向定心，以保证孔端面与孔中心线的垂直度。

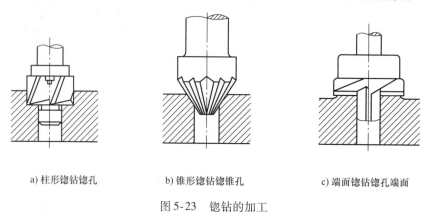

a) 柱形锪钻锪孔　　　b) 锥形锪钻锪锥孔　　　c) 端面锪钻锪孔端面

图 5-23　锪钻的加工

（4）锪孔工作要点　锪孔时存在的主要问题是所锪的端面或锥面容易出现振痕，故在锪孔时应注意以下事项。

1）尽量选用较短的钻头来改磨锪钻，并注意修磨前面，减小前角，以防止扎刀和振动。还应选用较小后角，防止多角形。

2）在锪钢件时，因切削热量大，应在导柱和切削表面加切削液。

3）在精锪时，往往用较小的主轴转速来锪孔，以减少振动而获得光滑表面。高速钢、硬质合金锪钻切削用量选用见表 5-3。

表 5-3　高速钢、硬质合金锪钻切削用量选用参考

材料	高速钢锪钻		硬质合金锪钻	
	进给量/（mm/r）	切削速度/（m/s）	进给量/（mm/r）	切削速度/（m/s）
铝	0.13～0.38	2.00～4.08	0.15～0.30	2.50～4.08
黄铜	0.13～0.25	0.75～1.50	0.15～0.30	2.00～3.50
软铸铁	0.13～0.18	0.62～0.72	0.15～0.30	1.50～1.78
软钢	0.08～0.13	0.38～0.43	0.10～0.20	1.25～1.50
合金钢及工具钢	0.08～0.13	0.20～0.40	0.10～0.20	0.92～1.00

5.3　铰刀与铰孔

1. 概述

在钻孔或扩孔之后，为了提高孔的尺寸精度和降低表面粗糙度，需要用铰刀进行铰孔。因此，铰孔是中小直径孔的半精加工和精加工方法之一（见图 5-24）。铰孔加工精度较高，机铰公差等级达 IT7 ～ IT8，表面粗糙度值为 $Ra0.8 ～ 1.6\mu m$；手铰公差等级达 IT6 ～ IT7，表面粗糙度值为 $Ra0.2 ～ 0.4\mu m$。

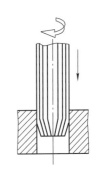

图 5-24　铰刀的应用

当工件孔径小于 25mm 时，在钻孔后直接铰孔；当工件孔径大于 25mm 时，在钻孔后需扩孔，然后再铰孔。对精度要求高的孔，可分粗铰和精铰两个阶段进行。铰孔的加工质量高是由铰刀本身的结构及良好的切削条件决定的。在铰刀的结构方面：铰刀的实心部分的直径大，故刚性强，在铰削力的作用下不易变形，对孔的加工能保持较高的尺寸精度和几何精度；铰刀的刀齿多，切削平稳，同时导向性好，故能获得较高的位置精度。在切削条件方面：加工余量小，粗铰为 0.15 ～ 0.25mm，精铰为 0.05 ～ 0.25mm，因此铰削力小，每个刀齿的受力负荷小、磨损小；采用低的切削速度（手铰），避免了积屑瘤，加上使用适当的切削液，使铰刀得到冷却，减少了切削热的不利影响，并使铰刀与孔壁的摩擦减少，降低了表面粗糙度，故表面质量高。

2. 铰刀

铰刀是铰孔的刀具，它是一种尺寸精确得多的刀具，所铰出的孔既光整又精确，铰刀的种类很多，按使用方法分有手用和机用两种；按用途分有固定和可调式两种，还有 3 只为一组的成套的手用锥铰刀；根据切削用量不同可分为粗、中、细铰刀。

手用铰刀用于手工铰孔，柄部为直柄，工作部分较长，如图 5-25a 所示；机用铰刀多为锥柄，装在钻床上进行铰孔，如图 5-25b 所示。

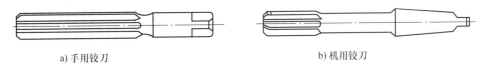

a) 手用铰刀　　　　　　　　　　　　　　b) 机用铰刀

图 5-25　铰刀

3. 铰孔加工

（1）铰削操作方法及步骤　铰孔的方法分手动铰削和机动铰削两种。

1）在手动铰削时，可用右手通过铰孔轴线施加进刀压力，左手转动铰刀。当正常铰削时，两手用力要均匀，平稳地旋转，不得有侧向压力，同时适当加压，使铰刀均匀地进给，以保证铰刀正确前进和获得较小的表面粗糙度值，并避免孔口呈喇叭形或将孔径扩大。

2）在用铰刀铰孔或退出铰刀时，铰刀均不能反转，以防止刃口磨钝及切屑嵌入刀具后面与孔壁间，将孔壁划伤。

3）在机动铰削时，应使工件一次装夹进行钻、铰操作，以保证铰刀轴线一致。铰削完成后，要等铰刀退出后再停机，以防孔壁拉出痕迹。

4）若铰尺寸较小的圆锥孔，可先按小端直径并留取圆柱孔精铰余量钻出圆柱孔，然后用锥铰刀铰削即可。若铰尺寸和深度较大的锥孔，为减小铰削余量，在铰孔前可先钻出阶梯孔，然后再用铰刀铰削。铰削过程中要经常用相配的锥销来检查铰孔尺寸。

（2）铰孔注意事项　铰削时应注意：

1）工件要夹正，夹紧力适当，防止工件变形，以免铰孔后工件变形部分回弹，影响孔的几何精度。

2）在手动铰削时，两手用力要均衡，速度要均匀，保持铰削的稳定性，避免由于铰刀的摇摆而造成孔口呈喇叭状或孔径扩大。

3）随着铰刀旋转，两手轻轻加压，使铰刀均匀进给。同时，变换铰刀每次停歇位置，防止连续在同一位置停歇而造成的振痕。

4）在铰削过程中及往后退出铰刀时，都不允许反转，否则将拉毛孔壁，甚至使铰刀崩刃。

5）在机动铰削时，要保证机床主轴、铰刀和工件孔三者中心的同轴度要求。若同轴度达不到铰孔精度要求，应采用浮动方式装夹铰刀。

6）当机动铰削结束时，应等铰刀退出孔外后再停机，否则孔壁有刀痕。

7）在铰削不通孔时，应经常退出铰刀，清除铰刀和孔内切屑，防止因堵屑而刮伤孔壁。

8）在铰孔过程中，按工件材料、铰孔精度要求合理选用切削液。

9）在铰削时，必须选用适当的切削液来减小摩擦，并降低刀具和工件的温度，防止产生积屑瘤并避免切屑黏附在铰刀切削刃上及孔壁和铰刀的刃带之间，从而减小加工表面的表面粗糙度值与孔的扩大量。

第6章 攻螺纹与套螺纹

6.1 丝锥与攻螺纹

1. 螺纹概述

在圆柱或圆锥表面上，沿着螺旋线所形成的具有规定牙型的连续凸起称为螺纹。在外表面上形成的螺纹称为外螺纹，在内表面上形成的螺纹称为内螺纹。

2. 攻螺纹使用的工具

用丝锥加工工件内螺纹的方法称为攻螺纹。

（1）丝锥　丝锥是加工内螺纹的刀具，由柄部和工作部分组成，分为手用丝锥和机用丝锥，如图6-1所示，按牙型可分为普通螺纹丝锥、圆柱螺纹丝锥和圆锥螺纹丝锥。普通螺纹丝锥又分为粗牙和细牙两种。

柄部是攻螺纹时被夹持的部分，起传递转矩的作用。工作部分由切削部分和校准部分组成，切削部分的前角 $\gamma_o = 8° \sim 10°$，后角 $\alpha_o = 6° \sim 8°$。校准部分有完整的牙型，用来修光和校准已切出的螺纹，并引导丝锥沿轴向前进。校准部分的后角为 $0°$。

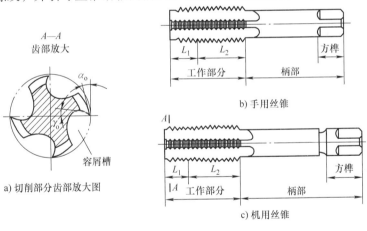

图6-1　丝锥

在攻螺纹时，为了减小切削力和延长丝锥寿命，一般将整个切削工作量分配给几支丝锥来承担。通常 M6 ~ M24 丝锥每组有 2 支；M6 以下及 M24 以上的丝锥每组有 3 支；细牙螺纹丝锥为 2 支一组。成组丝锥切削量的分配形式有两种：锥形分配和柱形分配。

1）锥形分配（等径丝锥），即一组丝锥中，每支丝锥的大、中、小径都相等，只是切削部分的长度及锥角不等。当攻通孔螺纹时，只用头攻（初锥）一次切削即可完成。当攻不通孔螺纹时，为增加螺纹的有效长度，分别采用头攻（初锥）、二攻（中锥）和三攻（底锥）进行切削。

2）柱形分配（不等径丝锥），即头攻（第一粗锥）、二攻（第二粗锥）的大径、中径、小径都比三攻（精锥）小。头攻丝锥、二攻丝锥的中径一样大，大径不一样，头攻丝锥大径小、二攻丝锥大径大。这种丝锥的切削量分配比较合理，3 支一组的丝锥按 6：3：1 分担切削量。2 支一组的丝锥按 7.5：2.5 分担切削量。柱形分配的丝锥，切削省力，每支丝锥磨损量差别小，寿命长，攻制的螺纹表面粗糙度值小。

（2）铰杠　铰杠是在手动攻螺纹时，用来夹持丝锥，施加力矩的工具，分为普通铰杠（见图 6-2）和丁字形铰杠（见图 6-3）两种，两种铰杠又分为固定式和活络式。

铰杠的规格参数为柄长，常用的规格有 150mm、225mm、275mm 等。

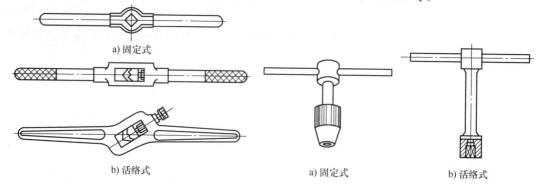

a) 固定式

b) 活络式

图 6-2　普通铰杠

a) 固定式　　　　b) 活络式

图 6-3　丁字形铰杠

3. 攻螺纹的方法

（1）查表法确定螺纹底孔直径　螺纹底孔的大小要根据工件材料的塑性和螺孔的大小来确定，其直径必须大于螺纹的小径。钻普通螺纹底孔选用的钻头直径可见表 6-1。

表 6-1　钻普通螺纹底孔的钻头直径　　　　　　　　　　（单位：mm）

螺纹直径	螺距	钻头直径		螺纹直径	螺距	钻头直径	
		铸铁，青、黄铜	钢，纯铜			铸铁，青、黄铜	钢，纯铜
6	1	4.9	5	16	2	13.8	14
	0.75	5.2	5.2		1.5	14.4	14.5
8	1.25	6.6	6.7	18	2.5	15.3	15.5
	1	9.6	7		2	15.8	16
	0.75	7.1	7.2		1.5	16.4	16.5
10	1.5	8.4	8.5	20	2.5	17.3	17.5
	1.25	8.6	8.7		2	17.8	18
	1	8.9	9		1.5	18.4	18.5
12	1.75	10.1	10.2	22	2.5	19.3	19.5
	1.5	10.4	10.5		2	19.8	20
	1.25	10.6	10.7		1.5	20.4	20.5
14	2	11.8	12	24	3	20.7	21
	1.5	12.4	12.5		2	21.8	22
	1	12.9	13		1.5	22.4	22.5

在攻不通孔螺纹时，钻孔深度要大于所需螺孔深度，一般增加 0.7 倍螺纹大径深度。

（2）计算法确定底孔直径和孔深

1）螺纹底孔直径的确定。在攻螺纹时，丝锥对金属层有较强的挤压作用，使攻出的螺纹小径小于底孔直径，因此攻螺纹之前的底孔直径应稍大于螺纹小径。

① 攻钢件或塑性较大的材料的螺纹时，螺纹底孔直径的计算公式为

$$D_{孔} = D - P$$

式中　$D_{孔}$——螺纹底孔直径（mm）；

　　　D——螺纹大径（mm）；

　　　P——螺距（mm）。

② 攻铸铁件或塑性较小材料的螺纹时，螺纹底孔直径的计算公式为

$$D_{孔} = D - (1.05 \sim 1.1)P$$

式中　$D_{孔}$——螺纹底孔直径（mm）；

　　　D——螺纹大径（mm）；

　　　P——螺距（mm）。

在攻普通三角形螺纹、寸制三角形螺纹、圆柱管螺纹及圆锥管螺纹时，钻底孔用的钻头直径可查表。

2）攻螺纹底孔深度的确定在攻不通孔螺纹时，由于丝锥切削部分有锥角，端部不能攻出完整的螺纹牙型，所以钻孔深度要大于螺纹的有效长度。钻孔深度的计算式为

$$H_{深} = h_{有效} + 0.7D$$

式中　$H_{深}$——底孔深度（mm）；

　　　$h_{有效}$——螺纹有效长度（mm）；

　　　D——螺纹大径（mm）。

（3）攻螺纹方法及注意事项

1）在攻螺纹前，应先在底孔的空口处倒角，使其直径略大于螺纹大径。

2）在装夹工件时，应尽量使孔底中心线处于铅直或水平位置，以便于判断丝锥的正确位置。

3）当开始攻螺纹时，要将丝锥放正，然后对丝锥施加适当压力并转动铰杠，如图 6-4a 所示。

4）当丝锥切入 1～2 圈时，要仔细观察和校正丝锥的方向，可用直角尺在两个相互垂直的平面内测量、检查，如图 6-4b 所示。若发现偏斜应及时校正。

5）当旋入 3～4 圈时，若其位置正确，可转动铰杠，丝锥自然攻入工件，如图 6-4c 所示。此时不要对丝锥施加压力，以免螺纹牙型不正。

6）此后，当丝锥每转 1/2～1 圈时，要倒转 1/2 圈，将切屑切断并挤出。特别是在攻不通孔螺纹时，要及时退出丝锥排屑。

7）当更换二攻丝锥时，要先用手将丝锥旋入数圈，再用铰杠夹持继续工作，以免损坏

螺纹。

8）在塑性材料上攻螺纹时，要用润滑油或切削液润滑，以改善螺纹表面加工质量，延长丝锥的寿命，并使切削省力。

9）当攻螺纹结束后，在将丝锥退出时，应卸下铰杠，用手旋出丝锥。

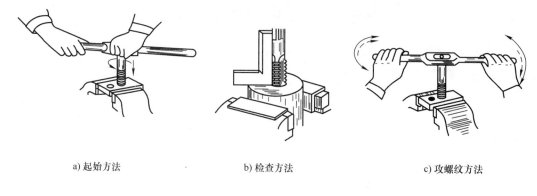

　　　a) 起始方法　　　　　　　　　b) 检查方法　　　　　　　　c) 攻螺纹方法

图 6-4　攻螺纹

在攻螺纹时，如丝锥断裂在螺纹孔中，首先要把孔中的切屑清除干净，并可用以下方法取出断丝锥。

1）若丝锥在孔口处断裂，可用窄錾或冲头抵在断丝锥的容屑槽中，顺着退出的切线方向用锤子轻轻敲击，必要时，再反向敲击，双向交替敲击，使其松动，便可将断丝锥退出。

2）若丝锥在孔口内断裂，可用带方榫的废丝锥拧上两个螺母，用一定粗细的数条钢丝穿过螺母并插入断丝锥的容屑槽中，用扳手夹住方榫按退出方向转动，即可将断的丝锥退出。

6.2　板牙与套螺纹

1. 套螺纹概念
套螺纹是用板牙加工外螺纹的方法。

2. 套螺纹使用的工具
（1）板牙　板牙是加工外螺纹的刀具，由切削部分、校准部分和排屑孔组成，分为封闭式和开槽式两种。排屑孔使其工作部分形成切削刃和前角，如图 6-5 所示。切削部分在板牙两端，可以两面使用，板牙的中部为校准部分。

板牙外圆上有 4 个锥坑和 1 条 V 形槽，其中，两个锥坑用于把板牙固定在板牙架中，另两个锥坑用于调节板牙尺寸。

（2）板牙架　板牙架是装夹板牙的工具。常用的圆板牙架如图 6-6 所示。

3. 套螺纹方法及注意事项
（1）套螺纹前圆杆直径的确定　套螺纹前金属材料因受板牙的挤压而产生变形，牙顶

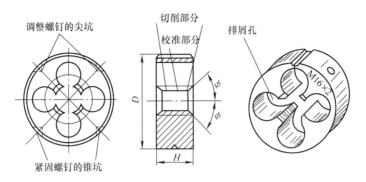

图 6-5　板牙的结构

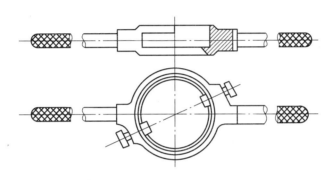

图 6-6　常用的圆板牙架

将被挤得高一些，圆杆直径应稍小于螺纹大径，其大小一般可查表。粗牙普通螺纹套螺纹前的圆杆直径见表 6-2。

表 6-2　粗牙普通螺纹（套螺纹前）的圆杆直径　　　　　　（单位：mm）

螺纹代号	螺距	圆杆直径
M6	1	5.8 ~ 5.9
M8	1.25	7.8 ~ 7.9
M10	1.5	9.75 ~ 9.85
M12	1.75	11.75 ~ 11.90
M16	2	15.70 ~ 15.85
M20	2.5	19.70 ~ 19.85
M24	3	23.65 ~ 23.80

（2）套螺纹前圆杆直径的计算　圆杆直径应稍小于螺纹大径。圆杆直径的计算公式为

$$D_{杆} = d - 0.13P$$

式中　$D_{杆}$——套螺纹前的圆杆直径（mm）；

　　　d——螺纹大径（mm）；

　　　P——螺距（mm）。

（3）套螺纹的方法及注意事项

1）圆杆端面应倒15°~20°的锥角，形成圆锥体，如图6-7a所示。锥体小端直径小于螺纹小径，以便板牙切入，螺纹端部不出现锋口。

2）圆杆在台虎钳中夹紧前，钳口间应放木板或软金属垫，以防止夹伤工件表面。套螺纹部分伸出长度应尽可能短。圆杆应铅垂方向放置。

3）当套螺纹开始时，板牙要放正，其轴线与圆杆轴线重合；缓慢转动板牙架，不施加压力，如图6-7b所示。

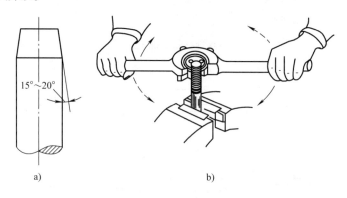

a)   b)

图6-7 套螺纹方法

4）当板牙转动一圈左右要反转半圈，以便断屑和排屑。

5）在钢件上套螺纹要用润滑油或切削液润滑，以改善螺纹表面加工质量，延长板牙使用寿命，使切削省力。

第 7 章　钳工常用设备及工具

7.1　钳工常用设备

1. 分度头

钳工在进行划线、钻等分孔、镗孔及做各种等分测量工作时，须使用分度头进行分度。分度头是一种比较精确的分度工具，使用较为广泛。

（1）分度头的种类　分度头按其结构不同，一般分为机械分度头和光学分度头、数控分度头、等分分度头等。在单件、小批量生产的工具制造业中，常采用万能分度头。图 7-1 所示为几种不同类型的分度头。

分度头的主要规格以顶尖中心线到底面的高度来表示。生产中常用的分度头型号有 F11 100、F11 125、F11 250 等几种。

a) 万能分度头　　　　　　　　　　　　　b) 半万能分度头

图 7-1　不同类型的分度头

（2）万能分度头的结构　以 F11 250 型万能分度头为例来说明，如图 7-2 所示。

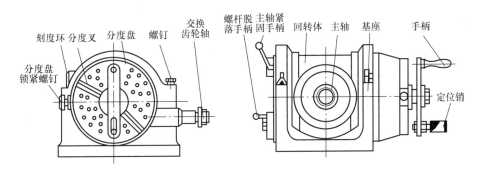

图 7-2　F11 250 型万能分度头

1）结构组成。基座是该型分度头的主体，回转体可以沿基座的水平轴线回转，上面装有与回转轴线垂直的主轴，当松开螺钉时，扳动回转体，可使主轴在一定角度范围内转动。

在主轴上可安装夹具，以夹持需要加工的工件。刻度环套在主轴上并和主轴一起转动，刻度环上标有 0° ~ 360° 的刻度，用于指示直接分度。在分度盘的正、反面，均有若干圈不等分的小孔，供分度定位使用。不同形式的分度头所配备的分度盘块数也不同，各种分度盘的孔数见表 7-1。

表 7-1   分度盘的孔数

正面	24、25、28、30、34、37、38、39、41、42、43
反面	46、47、49、51、53、54、57、58、59、62、66
第一块正面	24、25、28、30、34、37
第一块反面	38、39、41、42、43
第二块正面	46、47、49、51、53、54
第二块反面	57、58、59、62、66
第一块	15、16、17、18、19、20
第二块	21、23、27、29、31、33
第三块	37、39、41、43、47、49

在需要分度时，可以摇动手柄，手柄的位置由定位销来固定。

2）传动系统。该型分度头的传动系统如图 7-3 所示，传动路线共有 3 条，下面分别介绍。

第 1 条，当转动手柄时，通过一对圆柱齿轮（$i=1$）和蜗杆副（$i=1/40$）使主轴转动。

第 2 条，从交换齿轮轴处输入动力，经过一对交错轴斜齿轮（$i=1$），并使它跟斜齿轮固定在一起的分度盘旋转。定位销插在分度盘的孔中，带动手柄按第 1 条传动路线使主轴旋转。

第 3 条，主轴后端的锥孔装入交换齿轮心轴，该心轴将主轴与交换齿轮轴连接起来。当转动手柄时，分度头按第 1 条传动路线使主轴转动，再经交换齿轮按第 2 条传动路线传动。所以，主轴的实际转速是这两种传动的合成。

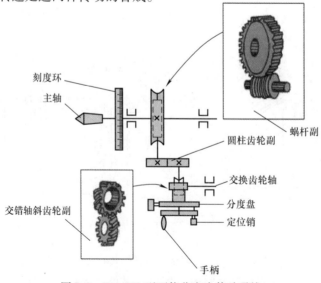

图 7-3   F11 250 型万能分度头传动系统

（3）万能分度头的操作使用方法

1）夹持工件。钳工大都采用万能分度头进行工件分度操作。在划线、锉削、测量时，应将分度头放置在平板上。当分度钻孔时，应将分度头放置在钻床的工作台面上。

分度头的主轴可装夹自定心卡盘，用来夹持工件，如图 7-4a 所示。在分度时，为使工件分度轴线与分度头主轴的轴线重合，应先将工件轻轻夹持住并无晃动现象，然后摇动分度头主轴，并使用划针或百分表测头触及工件回转表面，校正后使工件轴线与分度头轴线一致，如图 7-4b 所示，或使端平面与轴线垂直，如图 7-4c 所示。

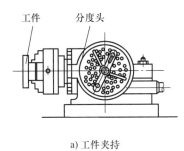

a) 工件夹持

b) 轴线校正　　　　　　　　　　　　　c) 端面垂直度校正

图 7-4　万能分度头的使用方法

2）万能分度头的分度。万能分度头可对各种等分数和非等分数进行分度，常用分度方法有简单分度法、差动分度法、近似分度法和角度分度法等。其中，简单分度法和差动分度法最为常用。当工件的等分数是一个能分解的简单数时，采用简单分度法来分度；当分度时遇到的等分数是用简单分度法难以解决的质数（如 67 等）时，采用差动分度法进行分度。

例 7-1：在工件圆周上划六边形的分度方法。

解：$n = \dfrac{40}{z} = \dfrac{40}{6} = 6\dfrac{2}{3}\text{r}$

分度方法如下。

① 选择分度盘：将上式计算数值中的分数扩大若干倍，如扩大 22 倍就变为 $\dfrac{44}{66}$，这时孔盘应选取圆周上有等于分母（这里是 66）的等分分度盘。选取有 66 孔的分度盘装在分度头上，并将手柄摇过 6 圈，再继续摇 44 孔，即 $6\dfrac{2}{3}$ 圈。

② 划第 1 条边：将该工件放置在分度头的自定心卡盘上，在夹紧校正后，用分度头上

的定位销插入分度盘上一圈有66孔的某一孔中，即图7-5中小孔的位置，接着将分度叉脚1靠紧销的周边，再将分度叉脚2调节到第45孔（44个孔距），然后用螺钉拧紧，使两分度叉脚连成一体，此时可用手按住分度叉脚2的那个小孔，划出第1条边。

③划第2条边：第1条边划好后，将分度叉整体沿顺时针方向旋转，使叉脚紧靠定位销的周边，接着用手按住分度叉并拔出定位销，顺时针摇动手柄6圈后，再继续摇过44个孔，将定位销插入紧靠分度叉脚2的小孔内，划出第2条边。

最后，重复上述步骤划出剩余的4条边。

3）万能分度头的使用注意事项。

①万能分度头在使用或搬运过程中，严禁敲打、碰撞，以免损害其精度。

②对于分度盘的选择，应尽可能选用使分数部分的分母倍数较大的分度盘孔数，以提高分度精度。

③因蜗杆副传动存在一定间隙，在分度时为了保证分度精度，当手柄摇过头时，应退回后再摇到所需的位置。

④万能分度头使用完毕，应立即清除其上的切屑等杂物。此外，还要定期对各滑动和转动部分加注润滑油。

图7-5 分度叉的使用

2. 剪板机

剪板机具有落料质量好、生产效率高、劳动强度小等优点，因此是钳工进行板材落料的一种常用设备。下面重点介绍剪板机的种类、用途、操作要领及操作注意事项。图7-6所示为不同型号剪板机的外观。

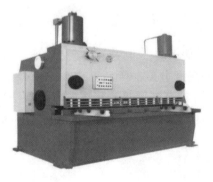

a) QC11Y-30×2500

b) QC11Y-6×3200

图7-6 不同型号剪板机的外观

（1）剪板机的种类及用途　剪板机种类较多，按其工艺用途和结构类型可以分为以下几种。

1）平刃剪板机。平刃剪板机剪切质量好，扭曲变形小，但剪切力大，耗能大，多为机械传动。该剪板机上下两切削刃彼此平行，常用于轧钢厂热剪切初轧方坯和板坯。按其剪切方式又可分为上切式和下切式。

2）多用途剪板机。

① 板料折弯剪切机：即在同一台机械上可完成剪切和折弯两种工艺。

② 联合冲剪机：既可完成板材的剪切，又可对型材进行剪切，多用于下料工序。

③ 斜刃剪板机：斜刃剪板机的上下两刀片成一定的角度，一般上刀片是倾斜的，其倾斜角一般为 1°～6°。斜刃剪板机剪切力比平刃剪板机小，故电动机功率及整机质量等大幅减小，实际应用最多，剪板机厂家多生产此类剪板机。该类剪板机按刀架运动形式分为闸式剪板机和摆式剪板机，按主传动系统不同分为液压传动和机械传动两类。

（2）剪板机的操作规则

1）剪板机应由专人负责使用和保管。操作者必须熟悉剪板机的结构、性能。

2）严禁超负荷使用剪板机。不得剪切淬火钢料和硬质钢、高速钢、合金钢、铸件及非金属材料。

3）刀片刃口应保持锋利，若刃口磨钝或损坏，应及时磨修或调换。

4）当多人操作时，应有专人指挥，配合要协调。

5）在剪板机上禁止同时剪切两种不同规格的材料，不准重叠剪切。

（3）操作剪板机时的安全注意事项

1）在剪板入料时禁止把手伸进压板下面操作。当剪短料时应另用铁板压住，在剪料时手指离开刀口至少 200mm。

2）在用撬杠对线后，应立即将撬杠退出方可剪切。如果铁板有移动，应用木枕塞牢，以免压脚下来后撬杠弹出伤人。

3）剪好的工件必须放置平稳，不要堆放过高，不准堆放在过道上。边角余料及废料要及时清理，保持场地整洁。

表 7-2 为不同规格剪板机的基本参数。

表 7-2　不同规格剪板机的基本参数

规格参数（厚/mm）×（宽/mm）	可剪板厚度/mm	可剪板宽度/mm	剪切角	后挡料范围/mm	电动机功率/kW	外形尺寸/mm	净重/kg
4×2000	4	2000	1°30′	500	4	3000×1970×1250	3000
4×2500	4	2500	1°30′	500	5.5	3500×1970×1250	3200
4×3200	4	3200	1°14′	500	7.5	4200×1970×1300	5100
4×4000	4	4000	1°14′	500	11	5000×1970×1350	6000
6.3×2000	6.3	2000	2°	500	7.5	3175×1765×1530	4757
6×2500	6	2500	1°45′	500	7.5	3675×1765×1530	5500
6×3200	6	3200	1°30′	500	7.5	4450×2165×1520	7500
8×2500	8	2500	1°57′	700	11	3690×2165×1520	7000
2×1000	2	1000	1°40′	350	1.5	1575×1405×1073	760
3×1200	3	1200	2°25′	350	2.2	1980×1550×1245	1380
3×1300	3	1300	2°14′	350	2.2	2080×1505×1245	1450
3×1500	3	1500	2°	350	2.2	2280×1505×1245	1600

3. 砂轮机

砂轮机是用来磨去工件或材料的毛刺、锐边，以及刃磨钻头、刮刀等刀具或工具的简易机器。砂轮机按外形可分为台式与立式两种。图7-7所示为几种常用砂轮机的外观。下面重点介绍砂轮机的操作规程和安全知识。

a) M3215　　　　　　　　b) M3020　　　　　　　　c) M3220

图7-7　常用砂轮机的外观

（1）砂轮机的操作规程

1）在砂轮机起动前，应检查安全托板装置是否固定可靠和完好，并注意观察砂轮表面有无裂缝。

2）在砂轮机起动后，应观察砂轮机的旋转是否平稳，旋转方向与指示牌是否相符，以及有无其他故障存在。

3）砂轮外圆表面若不平整，应用砂轮修正器进行修正。

4）待砂轮转速正常后才能进行磨削。

5）对长度小于50mm的小件进行磨削时，应用钳子或其他工具夹持，千万不能用手握。

6）使用完毕后应随即切断电源。

（2）砂轮机使用安全常识

1）砂轮机应有安全罩。

2）在操作时，人不能正对砂轮站立，应站在砂轮的侧面或斜侧位置。在磨削时不要用力太猛，以免砂轮碎裂。

不同型号砂轮机的基本参数见表7-3。

表7-3　不同型号砂轮机的基本参数

型号	J3GC-400	J3GD-400	J3GE-400	J3GF-400
电动机功率/kW	2.2（3hp）	3（3hp）	2.5（3.5hp）	3（4hp）
主轴空载转速/（r/min）	2280	2280	2280	2280
砂轮片空载线速度/（m/s）	48	48	48	48
砂轮片安全线速度/（m/s）	60	60	60	60
纤维增强砂轮片尺寸	ϕ400mm×ϕ32mm×3.2mm ϕ400mm×ϕ25.4mm×3.2mm	ϕ400mm×ϕ32mm×3.2mm ϕ400mm×ϕ25.4mm×3.2mm	ϕ400mm×ϕ32mm×3.2mm ϕ400mm×ϕ25.4mm×3.2mm	ϕ400mm×ϕ32mm×3.2mm ϕ400mm×ϕ25.4mm×3.2mm

（续）

型号		J3GC – 400	J3GD – 400	J3GE – 400	J3GF – 400
最大切割能力	管钢	$\phi135mm \times 6mm$	$\phi135mm \times 6mm$	$\phi135mm \times 6mm$	$\phi135mm \times 6mm$
	角钢	$100mm \times 10mm$	$100mm \times 10mm$	$100mm \times 10mm$	$100mm \times 10mm$
	槽钢	$126mm \times 53mm$	$126mm \times 53mm$	$126mm \times 53mm$	$126mm \times 53mm$
	圆钢	$\phi50mm$	$\phi50mm$	$\phi50mm$	$\phi50mm$
夹钳可转角度/(°)		$\pm45°$	$\pm45°$	$\pm45°$	$\pm45°$
底座尺寸/(长/mm) × (宽/mm)		525×275	530×310	650×340	650×340
毛重（净重）/kg		63（60）	75（65）	95（80）	100（85）

4. 带锯机

带锯机主要用于各种金属材料和非金属材料、管材、型材及异型材料的锯削，并具有锯口窄、耗能小、截面精度高、锯切速度快等优点，是钳工在制造冲模和样板时的常用设备。图 7-8 所示为不同型号带锯机的外观。下面介绍带锯机的操作规则和安全常识。

a) MJ3210

b) MJ3110

图 7-8　不同型号带锯机的外观

（1）带锯机的操作规则

1）在正式工作前，活塞应在最大行程范围内作几次往复运动，用来排除液压缸中的空气，更换润滑油时也要这样做。

2）锯刃必须朝下，锯带运行的方向是由操作者的左侧向右侧运动，即由从动轮向主动轮运动。

3）在工作时，应选定适当的带锯条切削线速度。对硬度高、强度高、截面大的工件和较细的锯齿，带速要低；反之，带速要高。

4）在加工前，当选定带速后，应旋紧张紧手柄并使锯条运行。若加工完毕，应旋松张紧手柄并放松锯条。

5）在开机时，应先升起锯架再装夹工件。待加工完毕后，应将锯架放下来并搁在一木块上。

（2）带锯机的安全常识

1）在锯削前，应检查工件探测杆的上、下运动是否灵活，切记不可拆去此杆而进行锯削。

2）在锯削前，应检查带锯条的松紧是否合适，不然会影响锯削的质量。

3）在锯削前，应先空运转几分钟，观察一下运转情况是否正常，同时对各个注油孔按规定注入润滑油。

4）在用带锯条修磨焊缝前，应在砂轮空转 3～5min 后修磨一下砂轮，然后进行带锯条的修磨。

5）当换用新锯条时，应采用低一档的带速。

6）对于工作时落在带轮旁的锯屑，应及时清除，以防锯屑挤进锯条与锯带轮间引起锯条断裂。

几种带锯机的基本参数见表7-4。

表7-4　几种带锯机的基本参数

型号	MJ3190	MJ3290
锯轮直径/mm	900	900
锯条最长尺寸/mm	6400	6400
配用功率/kW	15	18.5
质量/kg	900	820
主轴转速/(r/min)	650	650
加工最大直径/mm	600	650

7.2　钳工电动工具

随着工业的发展，钳工操作工具的电动化将日趋普遍，无论在减小劳动强度、提高生产效率还是在改善产品质量上，都起着重要的作用。其中，有很多电动工具，本节介绍电钻、电磨头、电动曲线锯和电剪刀的用途及使用方面的基本知识。

1. 电钻

电钻是一种电动工具，如图7-9所示。在大型夹具和模具装配时，当受工件形状或加工部位的限制不能使用钻床钻孔时，则可使用电钻加工。在使用电钻时必须注意以下两点。

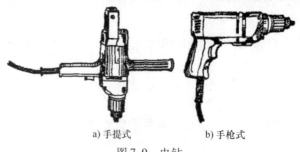

a) 手提式　　　　　　b) 手枪式

图7-9　电钻

1）在使用电钻前，须空运转 1min，检查传动部件是否正常，如果有异常，应在排除故障后再使用。

2）使用的钻头必须锋利，钻孔时不宜用力过猛。当孔将被钻穿时，应相应减轻压力，以防发生事故。

2. 电磨头

电磨头是用于高速磨削的工具，如图 7-10 所示，适用于在大型工、夹具和模具的装配调整中，对各种形状复杂的工件进行修磨或抛光。根据需要装上不同形状的小砂轮，还可以修磨各种凸凹模的成形面。当用布轮代替砂轮使用时，则可进行抛光操作。使用电磨头时必须注意以下三点。

1）在使用前，须空运转 2～3min，检查旋转声音是否正常，如果有异常，应在排除故障后再使用。

2）新装砂轮应在修整后使用，否则所产生的离心力会造成严重振动，影响加工精度。

3）砂轮外径不得超过磨头铭牌上规定的尺寸。在工作时砂轮和工件的接触力不宜过大，不能用砂轮冲击工件，以防砂轮爆裂，造成事故。

3. 电动曲线锯

电动曲线锯可用来锯切不同厚度的金属薄板和塑料板，如图 7-11 所示。它具有体积小、重量轻、携带方便和操作灵活等特点，适用于对各种形状复杂的大型样板进行落料加工。使用电动曲线锯时必须注意以下 4 点。

1）在使用前，须开空运转 2～3min，检查传动部分是否正常。在使用过程中，若出现不正常声音或温度过高，应立即停止，查明原因，在检修后再继续使用。

2）在锯削时，向前推力不能过猛，转角半径不宜过小。若卡住，则应立即切断电源，退出再进行锯削。

3）在锯削时，锯条一定要夹紧在夹头上，不得有松动现象，否则锯条易折断。

4）为了提高锯削效率，锯条应根据工件材料选用。

4. 电剪刀

电剪刀（见图 7-12）使用灵活、携带方便，可用来剪切各种形状的金属板材。用电剪刀剪切后的板材，具有板面平整、变形小、质量好的优点。因此，它也是各种复杂的大型样板进行落料加工的主要工具之一。使用电剪刀时必须注意以下三点。

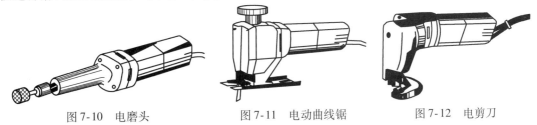

图 7-10　电磨头　　　　　图 7-11　电动曲线锯　　　　图 7-12　电剪刀

1）在开机前，应检查整机各部分螺钉是否牢固，然后开机空运转，待运转正常后方可使用。

2）在剪切时，两切削刀的间距需要根据材料厚度进行调整。当剪切厚材料时，二刃口的间距为 0.2～0.3mm；当剪切薄材料时，间距可按如下公式计算。

$$S = 0.2 \times 厚度$$

式中　S——二刃口的间距（mm）。

3）进行小半径剪切时，须将二刃口的间距调至 0.3～0.4mm。

第 8 章　装配基础知识

8.1　装配工艺概述

1. 装配概念

（1）装配定义　装配是按照技术要求，将若干个零件组装成部件或将若干个零件和部件组装成产品的过程。也就是把已加工合格的单个零件，通过各种形式，依次将零部件连接并固定在一起，使之成为部件或产品的过程。

（2）装配的分类　组件装配、部件装配、总装装配。

（3）装配方法　互换装配法、分组装配法、调整装配法、修配装配法。

2. 装配工作的基本内容

装配是产品制造的最后阶段，在装配过程中要通过一系列工艺措施，达到产品质量要求。常见的装配工作有以下几项。

（1）清理　清洗掉零件表面或部件中的油污及机械杂质。

（2）连接　连接的方式一般有两种：可拆连接和不可拆连接。可拆连接是在装配后，在不损坏任何零件的前提下，可以很容易拆卸的装配方法，且拆卸后仍可重新装配。例如，螺纹连接、键连接等。不可拆连接是在装配后一般不再拆卸的装配方法，如果拆卸就会损坏其中的某些零件。例如，焊接、铆接等。

（3）调整　包括校正、配作、平衡等。

① 校正是指产品中相关零部件间相互位置找正，找正并通过各种调整方法，保证达到装配精度要求等。

② 配作是指两个零件在装配后确定其相互位置的加工，如配钻、配铰，或为改善两个零件表面结合精度的加工，如配刮及配磨等。配作是与校正调整工作结合进行的。

③ 平衡是为了防止使用中出现振动，在装配时对其旋转零部件进行的平衡操作。平衡包括静平衡和动平衡两种方法。

（4）检验和试验　在机械产品装配完后，应根据有关技术标准和规定，对产品进行较全面的检验和试验，合格后才准出厂。

除上述装配工作外，涂装、包装等也属于装配工作。

3. 装配工作的重要性

装配工作是产品制造过程中的最后工序。装配工作的好坏，对产品的质量有很大影响。例如，零件的配合不符合规定的技术要求，机器就不可能正常工作；零部件之间、机构之间的相对位置不正确，常常使它们无法连接，或者使它们的有关零部件工作不正常。这说明装配工作的质量，直接影响到机器的工作性能。在装配时，不重视清洁工作、粗枝大叶、乱敲乱打，不按工艺要求装配，也不可能装配出合格的产品。装配质量差的机器，精度低、性能差、耗功大、寿命短，会造成极大的浪费。相反，虽然某些零件的精度并不很高，但是经过仔细修配，精确调整后，仍可能装配出性能良好的产品来。装配工作是一项非常重要而细致的工作，必须认真做好。

4. 装配过程

产品的装配过程包括以下四个部分：

（1）装配前的准备阶段

1）研究和熟悉产品装配图及其技术要求，了解产品的结构、零件的作用及相互的连接关系。

2）确定装配的方法、顺序，准备所需用的工具。

3）对装配零件进行清理和清洗，去掉零件上的毛刺、切屑、油污及其他脏物。

4）对有些零件还需要进行刮削等修配工作，旋转零件的平衡（消除零件因偏重而引起的振动）及密封零件的水压试验等。

（2）装配工作　比较复杂的产品，其装配工作常分为部件装配和总装配。

1）部件装配。将两个以上的零件组合在一起，通常称为组件装配。将零件与几个组件结合在一起，成为一个装配单元的装配工作，称为部件装配。

2）总装配。将若干零件和部件结合成一个完整的产品的过程叫作总装配。

（3）调整、精度检验和试运行

1）调整：调节零件或机构的相互位置、配合间隙、结合松紧等，目的是使机构或机器工作正常，如轴承间隙、镶条位置、齿轮轴向位置的调整等。

2）精度检验：包括工作精度检验、几何精度检验等。

3）试运行：包括机构或机器运转的灵活性、噪声、工作温升、密封性、转速、功率等方面的检查。

（4）涂装、涂油、装箱　涂装是为了防止不加工面锈蚀和使机器外表美观；涂油是不使工作表面与零件加工表面生锈。

5. 装配工艺规程

装配工艺规程是规定装配全部部件和整个产品的工艺及所使用的设备和工具、夹具等的技术文件。编制工艺规程要符合"多、快、好、省"的原则。工艺规程是生产实践和科学实验的总结，是提高产品质量和提高劳动生产率的必要措施，也是组织生产的重要依据。执行工艺规程，能使生产有条理地进行，保证产品质量，并能合理使用劳动力和工艺装备，降低生产成本。工艺规程所规定的内容随着生产的发展，也要不断改进，但必须采取严格的科学态度，要慎重、严肃地进行。

装配工艺过程通常按工序和工步的顺序编制。由一个工人或一组工人在不更换设备或地点的情况下完成的装配工作，叫作装配工序。用同一工具和附具，不改变工作方法，并在固定或连续位置上所完成的装配工作，叫作工步。在一个装配工序中可包括一个或几个装配工步。

总装配和部件装配由若干个装配工序组成。

8.2 装配尺寸链

1. 基本概念

装配尺寸链是产品或部件在装配过程中，由相关零件的有关尺寸或相互位置关系所组成的尺寸链。其基本特征是具有封闭性，即有一个封闭环和若干个组成环所构成的尺寸链为封闭图形，如图 8-1 所示。其封闭环不是零件或部件上的尺寸，而是不同零件或部件的表面或轴线间的相对位置尺寸，它不能独立地变化，是装配过程最后形成的，即为装配精度。其各组成环不是在同一个零件上的尺寸，而是与装配精度有关的各零件上的有关尺寸，如图 8-1a 所示的 A_1、A_2 及 A_3。显然，A_2 和 A_3 是增环，A_1 是减环。

装配尺寸链按照各环的几何特征和所处的空间位置大致可分为线性尺寸链、角度尺寸链、平面尺寸链和空间尺寸链，常见的是前两种。

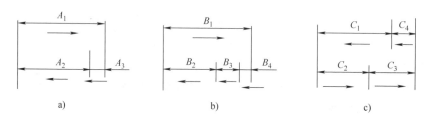

图 8-1 装配尺寸链简图

2. 装配尺寸链的建立

在应用装配尺寸链分析和解决装配精度问题时，首先是查明和建立尺寸链，即确定封闭环，并以封闭环为依据查明各组成环，然后确定保证装配精度的工艺方法和进行必要的计算。装配尺寸链由封闭环和组成环组成。

（1）封闭环 在装配过程中，要求保证的装配精度就是封闭环。

（2）组成环 从封闭环任意一端开始，沿着装配精度要求的位置方向，将与装配精度有关的各零件尺寸依次首尾相连，直到封闭环另一端相接为止，形成一个封闭形的尺寸图，图上的各个尺寸即是组成环。

（3）增环 在其他组成环不变的条件下，当某组成环增大时，封闭环随之增大，那么该组成环称为增环。

（4）减环 在其他组成环不变的条件下，当某组成环增大时，封闭环随之减小，那么该组成环称为减环。

（5）判别组成环的性质 画出装配尺寸链图后，按定义判别组成环的性质，即增、减环。

在建立装配尺寸链时，除满足封闭性、相关性原则外，还应符合下列要求：

1）组成环数最少原则。从工艺角度出发，在结构已经确定的情况下，当标注零件尺寸时，应使一个零件仅有一个尺寸进入尺寸链，即组成环数目等于有关零件数目。图 8-2a 中，轴只有 A_1 一个尺寸进入尺寸链，是正确的。图 8-2b 中，轴有 a、b 两个尺寸进入尺寸链，是不正确的。

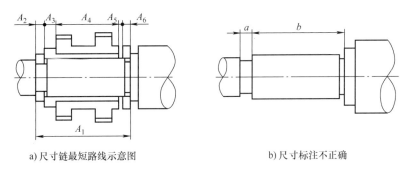

a) 尺寸链最短路线示意图　　　　　　b) 尺寸标注不正确

图 8-2　组成环尺寸的注法

2）按封闭环的不同位置和方向，分别建立装配尺寸链。例如，常见的蜗杆副结构，为保证正常啮合，蜗杆副两轴线的距离（啮合间隙）、蜗杆轴线与蜗轮中间平面的对称度均有一定要求，这是两个不同位置方向的装配精度，因此，需要在两个不同方向分别建立装配尺寸链。

3. 装配尺寸链的计算

（1）正计算法　已知组成环的公称尺寸及偏差代入公式，求出封闭环的公称尺寸及偏差。计算比较简单不再赘述。

（2）反计算法　已知封闭环的公称尺寸及偏差，求各组成环的公称尺寸及偏差。下面介绍利用"协调环"计算装配尺寸链的基本步骤：在组成环中，选择一个比较容易加工或在加工中受到限制较少的组成环作为"协调环"。其计算过程是先按经济精度确定其他环的公差及偏差，然后利用公式算出"协调环"的公差及偏差。

（3）中间计算法　已知封闭环及组成环的公称尺寸及偏差，求另一组成环的公称尺寸及偏差。计算也较简单，不再赘述。

4. 常用装配方法及其选择

机械的装配首先应当保证装配精度和提高经济效益。相关零件的制造误差必然要累积到封闭环上，构成了封闭环的误差。因此，装配精度越高，则相关零件的精度要求也越高。这对机械加工是很不经济的，有时甚至是不可能达到加工要求的。所以，对不同的生产条件，采取适当的装配方法，在不过分提高相关零件制造精度的情况下来保证装配精度，是装配工艺的首要任务。

在长期的装配实践中，人们根据不同的机械、不同的生产类型条件，创造了许多巧妙的装配工艺方法，归纳起来有：互换装配法、分组选配法、调整装配法和修配装配法 4 种。现分述如下：

（1）互换装配法　互换装配法就是在装配时各配合零件不经修理、选择或调整即可达到装配精度的方法。根据互换的程度不同，互换装配法又分为完全互换装配法和不完全互换装配法 2 种。

1）完全互换装配法。这种方法的实质是在满足各组成环经济精度的前提下，依靠控制零件的制造精度来保证装配精度。在一般情况下，完全互换装配法的装配尺寸链按极大极小法计算，即各组成环的公差之和等于或小于封闭环的公差。完全互换装配法的优点：

① 装配过程简单，生产率高。

② 对工人技术水平要求不高。

③ 便于组织流水作业和实现自动化装配。

④ 容易实现零部件的专业协作，成本低。

⑤ 便于备件供应及机械维修工作。

由于具有上述优点，所以，只要当组成环分得的公差满足经济精度要求时，无论何种生产类型，都应尽量采用完全互换装配法进行装配。

2）不完全互换装配法。当装配精度要求较高，尤其是组成环的数目较多时，若应用极大极小法确定组成环的公差，则组成环的公差将会很小，这样就很难满足零件的经济精度要求。因此，在大批量生产的条件下，就可以考虑不完全互换装配法，即用概率法计算装配尺寸链。

不完全互换装配法与完全互换装配法相比，其优点是零件公差可以放大些从而使零件加工容易、成本低，同时也能达到互换装配的目的。其缺点是会有一部分产品的装配精度超差，这就需要采取补救的措施或进行经济论证。

（2）分组选配法 将组成环的公差放大到经济加工精度，通过选择合适的零件进行装配，以保证达到规定的装配精度。分组选配法的工艺特点：

① 尺寸公差放大了数倍，使加工经济；装备时分组，又使配合经济性很高。

② 增加了对零件的测量和分组工作，这是一个缺点。

③ 各组分配零件的数量不可能相同，在加工时应采取适当的调整措施，这是第二个缺点。

（3）调整装配法 在装配时，根据装配实际的需要，改变产品中可调整的零件的相对位置或选用合适的调整件以达到装配精度的方法。

在装配过程中，调整一个或几个零件的位置，以消除零件的累积误差，从而达到装配的要求。例如，使用不同尺寸的可换垫片、衬套、套筒、可调节螺钉和镶条进行调整。

如图 8-3 所示，调整装配法有两种调整方法：可动调整法和固定调整法。

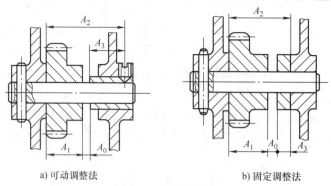

a) 可动调整法　　　　　　b) 固定调整法

图 8-3　调整装配法

（4）修配装配法 在装配时，根据装配的实际需要，在某一零件上除去少量预留的修配量，以达到装配精度的方法。

当装配精度要求较高，在采用完全互换装配法不够经济时，还可以采用修正某配合零件的方法来达到规定的配合精度。如图 8-4 所示，车床两顶尖不等高，在装配时可通过刮削尾座底座来达到精度要求。尾座底座被刮刀刮去的厚度为：$A_0 = A_2 + A_3 - A_1$。

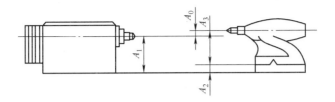

图 8-4 车床修配装配法

修配装配法的特点如下:

① 修配装配法虽然使装配工作复杂化,增加了装配时间,但是在加工零件的时候,可以适当降低加工精度,不需要采用高精度设备,节省了机械加工时间,从而使产品的成本降低。

② 修配装配法常用于单件、小批量生产中,以及装配精度要求很高的场合,如车床尾座的垫板。

8.3 典型部件的装配

1. 轴承传动的装配

(1) 滚动轴承的装配 滚动轴承在各种机械中使用非常广泛,在装配过程中应根据轴承的类型和配合确定装配方法和装配顺序。

深沟球轴承属于不可分离型轴承,采用压力法装入机件,不允许通过滚动体传递压力。若轴承内圈与轴颈配合较紧,外圈与壳体孔配合较松,则先将轴承压入轴颈,如图 8-5a 所示,然后,连同轴一起装入壳体中。若壳外圈与壳体配合较紧,则先将轴承压入壳体孔中,如图 8-5b 所示。当轴装入壳体中,两端要装两个深沟球轴承时,一个轴承装好后,在装第二个轴承时,由于轴已装入壳体内部,可以采用图 8-5c 所示的方法装入。还可以采用轴承内圈热胀法、外圈冷缩法、壳体加热法及轴颈冷缩法装配,其加热温度一般在 $60 \sim 100℃$ 范围内的油中热胀,其冷却温度不得低于 $-80℃$。

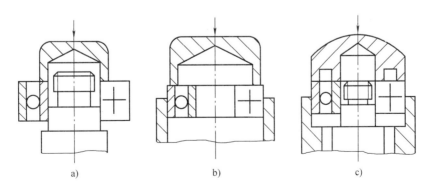

图 8-5 用压入法装配深沟球轴承

(2) 固定连接的装配 固定连接是装配中最基本的一种装配方法,常见的固定连接有螺纹连接、键连接、销连接、过盈连接等。根据拆卸后零件是否被破坏，固定连接又分为可拆卸的固定连接和不可拆卸的固定连接两类。

1）螺纹连接及其装配。螺纹连接是一种可拆卸的固定连接，它具有结构简单、连接可靠、装拆方便等优点，故在固定连接中应用广泛。螺纹连接可分为普通螺纹连接和特殊螺纹连接两大类。普通螺纹连接有螺栓连接、双头螺柱连接、螺钉连接、紧定螺钉连接等。除此以外的由带螺纹的零件构成的螺纹连接，称为特殊螺纹连接。

① 螺栓、双头螺柱的装配。

a. 螺栓连接：被连接件上的通孔和螺栓杆间留有间隙，通孔的加工精度要求低，结构简单，装拆方便，使用时不受被连接件材料的限制。螺栓连接主要用于连接件不太厚，并能从两边进行装配的场合，如图8-6a所示。

b. 双头螺柱连接：在拆卸时只需旋下螺母，螺柱仍留在机体的螺纹孔内，故螺纹孔不会损坏。双头螺柱连接用于连接件之一较厚、材料又比较软且需经常拆卸的场合，如图8-6b所示。为保证双头螺柱与机体螺纹的配合有足够的紧固性。因此，双头螺柱在装配时其紧固端应采用过渡配合，保证配合后中径有一定的过盈量。双头螺柱紧固端的紧固方法，如图8-7所示。

② 螺钉的装配。

a. 螺钉连接：主要用于连接件较厚或结构上受到限制，不能采用螺栓或双头螺柱连接，且不需经常装拆或受力较小的场合，如图8-6c所示。

b. 紧定螺钉连接：紧定螺钉末端拧入螺纹孔中顶住另一零件的表面或顶入相应的凹坑中，以固定两个零件的相对位置，并可传递不大的力或转矩。紧定螺钉除用于连接和紧定外，还可用于调整零件位置，如图8-6d所示。

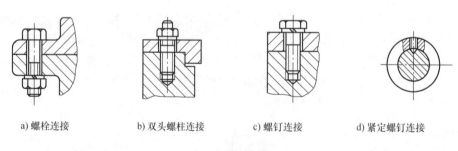

a) 螺栓连接　　　　b) 双头螺柱连接　　　　c) 螺钉连接　　　　d) 紧定螺钉连接

图8-6　螺纹连接的类型

③ 螺栓、螺母和螺钉装配的注意事项。

a. 应使螺栓、螺母或螺钉端面与贴合的表面接触良好，贴合处的表面应当经过加工，否则容易使连接件松动或使螺钉弯曲。

b. 螺孔内的脏物应当清理干净。被连接件应互相贴合、受力均匀、连接牢固。

c. 在拧紧成组多点螺纹连接时，应按一定顺序逐次拧紧（一般分3次拧紧），否则会使零件或螺栓（柱）产生松紧不一致，甚至变形。在拧紧长方形布置的成组螺母时，应从中间开始，逐渐向两边对称扩展；在拧紧方形或圆形布置的成组螺母时，必须对称进行，应按图中标注的序号逐次拧紧。

d. 装配在同一位置的螺栓（螺柱）或螺钉，应保证受压均匀。主要部位的螺钉必须保

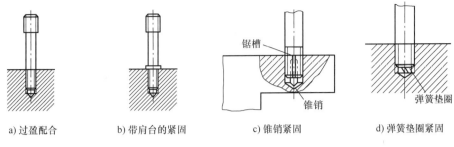

a) 过盈配合　　　b) 带肩台的紧固　　　c) 锥销紧固　　　d) 弹簧垫圈紧固

图 8-7　双头螺柱的紧固形式

证一定的拧紧力矩。

2）键连接及其装配。键是一种标准零件，通常用来实现轴与轮毂之间的周向固定以传递转矩，有的还能实现轴上零件轴向固定或轴向滑动的导向作用。它具有结构简单、工作可靠、装拆方便等优点，应用广泛。根据结构特点和用途不同，键连接可分为松键连接、紧键连接和花键连接 3 类。

① 松键连接的装配。松键连接靠键的侧面来传递转矩，只对轴上零件进行周向固定，不能承受轴向力。松键连接有普通平键连接、导向平键连接及滑键连接等。

② 紧键连接的装配。紧键连接又叫楔键连接，楔键分普通楔键和钩头楔键两种，如图 8-8 所示。楔键的上下两面是工作面，键的上表面和轮毂槽的底面均有 1:100 的斜度，键的两侧与键槽间有一定的间隙。在装配时，将键打入而构成紧键连接，靠过盈来传递转矩和承受单方向轴向力，但易使轴上零件与轴的配合产生偏心和歪斜，对中性较差，多用于对中性要求不高、转速较低的场合。

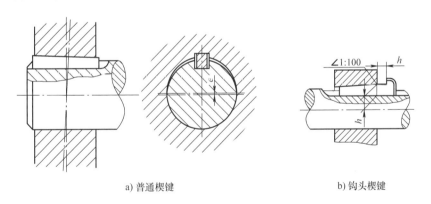

a) 普通楔键　　　　　　　　　　　　b) 钩头楔键

图 8-8　紧键连接

③ 花键连接的装配。花键连接由外花键和内花键组成。由图 8-9a、b 可知，花键连接是平键连接在数目上的扩展。但是，由于结构形式和制造工艺不同，与平键连接相比，花键连接在强度、工艺和使用方面具有下述特点：齿数较多，总接触面积较大，因而可承受较大的载荷；因槽较浅，齿根处应力较小，轴与毂的强度削弱较小，承载能力高，能传递较大转矩；轴上零件与轴的对中性及导向性好；但制造成本高，适用于载荷大和同轴度要求较高的连接。

花键连接按工作方式可分为静连接和动连接两种；花键按齿形的不同，又可分为矩形花键、渐开线花键和三角形花键等。其中，矩形花键的齿廓是直线，故制造容易，目前采用较多，如图 8-9c 所示。花键连接按受载情况分为两个系列：轻系列（用于静连接或轻载连接）和中系列（用于中等载荷）。花键定心方式有大径定心、小径定心和键侧定心 3 种方式，如图 8-10 所示。矩形花键为小径定心方式。

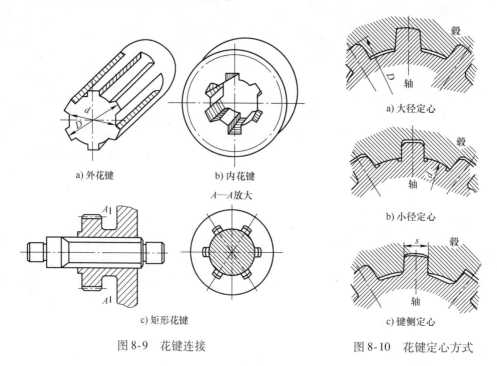

图 8-9　花键连接　　　　　　　　　图 8-10　花键定心方式

a. 静连接花键装配。套件应在花键轴上固定，且有少量过盈。在装配时，当过盈量较小时可用铜棒轻轻敲入，但不得过紧，以防划伤配合表面；过盈量较大时，可将套件加热至 80 ~ 120℃后进行热装。

b. 动连接花键装配。应保证精确的间隙配合。在总装前应进行试装，套件与花键轴的间隙应适当，可以自由滑动，没有阻滞现象，用手摆动套件时，没有明显的周向移动。

3）销连接及其装配。销是一种标准件，可分为圆柱销、圆锥销及异形销（如轴销、开口销、槽销等）3 种。其多采用 35 钢、45 钢制造，其中圆柱销、圆锥销应用较多。其形状和尺寸均已标准化、系列化。销连接具有结构简单、装拆方便等优点，在固定连接中应用很广，但只能传递不大的载荷。在机械连接中，销连接主要起定位、连接和安全保护的作用。

定位销主要用来固定两个（或两个以上）零件之间的相对位置，如图 8-11a 所示；连接销用于连接零件，如图 8-11b 所示；安全销可作为安全装置中的过载剪断元件，如图 8-11c所示。

① 圆柱销的装配。圆柱销一般依靠少量过盈量固定在销孔中，用以固定零件、传递动力或定位元件。当用圆柱销定位时，为了保证连接质量，装配前被连接件的两孔应同时钻、铰，并使孔壁表面粗糙度值达到 $Ra1.6\mu m$。在装配时应在圆柱销表面涂润滑油，用铜棒垫在圆柱销端面上，把圆柱销打入孔中。当某些定位销不能用敲入法时，可用 C 形夹头或手

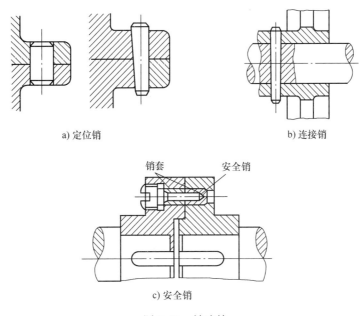

a) 定位销

b) 连接销

c) 安全销

图 8-11 销连接

动压力机将销压入孔内，如图 8-12 所示。圆柱销不宜多次装拆，否则会降低定位精度和连接的紧固程度。

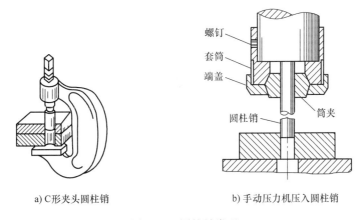

a) C形夹头圆柱销

b) 手动压力机压入圆柱销

图 8-12 圆柱销类型

② 圆锥销的装配。圆锥销具有 1∶50 的锥度，定位准确，可多次拆装而不影响定位精度，在横向力作用下可保证自锁，一般多用于定位，常用于要求多次装拆的场合。

圆锥销以小端直径和长度代表其规格。在钻孔时按小端直径选用钻头。在装配时，被连接的两孔也应同时钻、铰，用试装法控制孔径，孔径大小以圆锥销自由插入全长的 80% ～ 85% 为宜；在装配时用锤子敲入，销头部应与被连接件表面齐平或露出不超过倒角值。

注意：无论是圆柱销还是圆锥销，当往不通孔中装配时，销上必须钻一通气小孔或在侧面开一道微小的通气小槽，供放气时使用。

拆卸圆锥销时，可从小头向外敲击。对于带有外螺纹的圆锥销，可用螺母旋出，如图 8-13a 所示；如图 8-13b 所示，在拆卸带内螺纹的圆锥销时，可用拔销器（见图 8-13c）拔出。

4）过盈连接及其装配。过盈连接是利用材料的弹性变形，把具有一定过盈量的轴和毂孔套装起来，以达到紧固连接的目的。在装配后，轴的直径被压缩，孔的直径被扩大，包容件和被包容件因变形而使配合表面产生压力，如图 8-14 所示。工作时依靠此压力所产生摩擦力来传递转矩和轴向力。

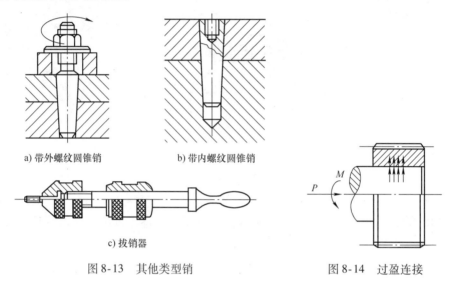

a) 带外螺纹圆锥销　　　　b) 带内螺纹圆锥销

c) 拔销器

图 8-13　其他类型销　　　　　　　　图 8-14　过盈连接

过盈连接具有结构简单、同轴度高、对中性好、承载能力强，并能承受冲击和振动载荷，还可避免配合零件由于切削键槽而削弱被连接零件的强度。缺点是过盈连接配合表面的加工精度要求高，装拆较困难，多用于承受重载而无须经常装拆的场合。过盈连接的配合表面有圆柱、圆锥等形式。

过盈连接的装配方法如下。

① 圆柱面过盈连接的装配。圆柱面过盈连接依靠轴、孔尺寸差获得过盈。根据过盈量大小不同，在装配时采用的装配方法也不同。

② 圆锥面过盈连接装配。

a. 压入法：当配合尺寸较小和过盈量不大时，一般在常温下装配，如图 8-15 所示。

b. 热胀法：热胀法又称红套法，它是利用金属材料热胀冷缩的物理特性进行装配的。在装配前先将孔加热，使之胀大，然后将其套装在轴上，待孔冷却后，轴与孔之间就形成了过盈。热胀配合的加热方法应根据过盈量及套件尺寸的大小而定。对于中小型零件的装配，可在燃气炉或电炉中进行，有时也浸在油中加热，其加热温度一般为 80 ~ 120℃。对于大型零件加热，则采用感应加热器加热。

③ 圆锥面过盈连接装配。圆锥面过盈连接利用轴和孔之间产生的相对轴向位移互相压紧而获得过盈量，主要用于轴端连接。它的特点是压合距离短，装拆方便，在装拆时配合面不易被擦伤，可用于多次装拆的场合，但其配合表面的加工较困难。常用的装配方法有螺母压紧圆锥面的过盈连接和液压装拆圆锥面的过盈连接两种形式。

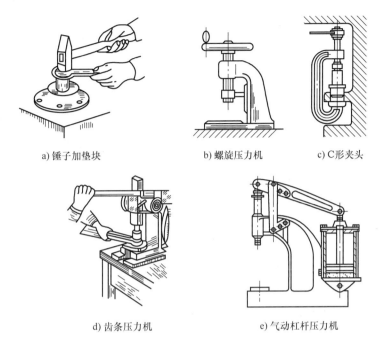

a) 锤子加垫块　　　　　　b) 螺旋压力机　　　　　　c) C形夹头

d) 齿条压力机　　　　　　　　　　e) 气动杠杆压力机

图 8-15　常温下过盈连接的装配

　　a. 螺母压紧圆锥面的过盈连接。这种连接拧紧螺母可使配合面压紧形成过盈连接，配合面的锥度通常可取 1:30 ~ 1:8，如图 8-16 所示。

　　b. 液压装拆圆锥面的过盈连接。这种连接方法如图 8-17 所示，有两种结构。在装配时，用高压液压泵由包容件（或被包容件）上的油孔和油槽压入配合面，使包容件内径胀大，被包容件外径缩小。与此同时，施加一定轴向力，使孔轴互相压紧。当压紧至预定的轴向位置后，排出高压油，即可形成过盈连接。同样，也可利用高压油来进行拆卸，不过施加的轴向力方向应与压紧时相反。这种方法多用于载荷较大且需多次装拆的场合，尤其适用于大型零件。

2. 传动机构的装配

　　（1）齿轮传动机构的装配　齿轮传动是各种机械中最常用的传动方式之一，可用来传递运动和动力，改变速度的大小或方向，还可把转动变为移动。

　　齿轮传动在机床、汽车、拖拉机和其他机械中应用很广泛，其具有以下特点：能保证一定的瞬时传动比，传动准确可靠，传递的功率和速度变化范围大，传动效率高，使用寿命长，结构紧凑，体积小等，但也有一定缺点，如噪声大、传动不如带传动平稳、齿轮装配和制造要求高等。

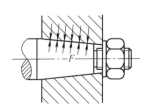

图 8-16　螺母压紧圆锥面的过盈连接

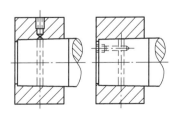

图 8-17　液压装拆圆锥面的过盈连接

齿轮传动装置由齿轮副、轴、轴承和箱体等主要零件组成。齿轮传动质量的好坏，与齿轮的制造和装配精度有着密切关系。

1）齿轮传动的精度要求。

① 传递运动的精确性。由齿轮啮合原理可知，在一对渐开线齿轮传动过程中，两齿轮之间的传动比是确定的，这时传递运动是准确的。但由于不可避免地存在着齿轮的加工误差和齿轮副的装配误差，使两轮的传动比发生变化，从而影响传递运动的准确性。具体情况是，在从动轮转动360°的过程中，两轮之间的传动比呈一个周期性的变化，其转角往往不同于理论转角，即发生了转角误差，从而导致传动运动不准确。这种转角误差会影响产品的使用性能，必须加以限制。

② 传动的平稳性。在齿轮传动过程中发生的冲击、噪声和振动等现象，将影响齿轮传动的平稳性，关系到机器的工作性能、能量消耗和使用寿命及工作环境等。因此，根据机器不同的使用情况，提出相应的齿轮传动平稳性要求。产生齿轮传动不平稳的原因，主要是传动过程中传动比发生高频的瞬时突变。

在从动齿轮转一转的过程中，引起传递不准确的传动比变化只有一个周期，而引起传动不平稳的传动比变化却有许多周期，两者是不同的。实际上在齿轮传动过程中，上述两种传动比的变化同时存在。

③ 载荷分布的均匀性。在传动过程中，两齿轮相互啮合的齿面的接触情况，将影响被传递的载荷是否能均匀地分布在齿面上，这关系到齿轮的承载能力，也影响齿面的磨损情况和使用寿命。

④ 传动侧隙的合理性。传动侧隙是指在齿轮传动过程中，一对齿轮在非工作齿面间所形成的齿侧间隙。不同用途的齿轮，对传动侧隙的要求不同，因此，应合理地确定其数值：一般传递动力和传递速度的齿轮副，其传动侧隙应稍大，其作用是提供正常的润滑所必需的储油间隙，以及补偿传动时产生的弹性变形和热变形；对于需要经常正转或反转的传动齿轮副，其传动侧隙应小些，以免在变换转向时产生空程和冲击。

当齿轮传动的用途和工作条件不同时，对上述四个方面的要求也不同，现概述如下：

① 在高速、大功率机械传动中用的齿轮（如汽轮机减速器中的齿轮），对传动平稳性和载荷分布均匀性的要求特别高。至于影响运动准确性的传动比，虽然每转传动比只变化一次，但是当转速高时，也会影响传动的平稳性，因此，对传递运动的准确性的要求也要高。

② 对于承受重载、低速传动齿轮（如轧钢机、矿山机械和起重机械中的齿轮），由于模数大，齿面宽且受力大，因此对载荷分布的均匀性要求也较高。另外，为了补偿受力后齿轮发生的弹性变形，也要求有较大的传动侧隙。至于传动的平稳性和传递的准确性两个方面，因为转速低且不要求严格的转角精度，所以要求不高。

③ 对于分度机构和读数装置及精密仪表，需要精确传递的动力小，模数小，齿的宽度也小，因此对载荷分布均匀性的要求不高。如果需正、反向传动，还应尽量减少传动侧隙。

2）齿轮副侧隙的选择。对齿轮副侧隙的要求，应根据齿轮的工作条件和使用要求，规定最大侧隙 $j_{n_{max}}$ （或最小侧隙 $j_{n_{min}}$）。对于高速高温重载下工作的齿轮，应选取较大的侧隙。对于一般的齿轮传动，选取中等大小的侧隙，以减小回程误差。

为了保证所需的侧隙，必须控制中心距极限偏差和齿厚极限偏差。标准规定中心距极限偏差采用完全对称偏差，依靠齿厚的极限偏差来得到不同的齿侧间隙。

规定的 14 种齿厚极限偏差，代号分别是 C、D、E、F、G、H、J、K、L、M、N、P、R、S，从 D 起，其偏差值依次递增，每种代号表示的齿厚偏差值以单个齿距偏差 f_{pt} 的倍数表示。

齿厚上、下极限偏差分别用两种偏差代号表示，上极限偏差为 E_{sns}，下极限偏差为 E_{sni}（齿厚偏差为 E_{sn}，公差为 T_s）。如 $E_{sns} = -4f_{pt}$，$E_{sni} = -16f_{pt}$，则齿厚公差 $T_s = E_{sns} - E_{sni} = -4f_{pt} - (-16f_{pt}) = 12f_{pt}$。若选用的齿厚极限偏差超出标准规定，允许自行确定。

（2）圆柱齿轮传动机构的装配

1）装配技术要求。

① 齿轮孔与轴的配合，不得有偏心和歪斜。

② 保证齿轮有准确的中心距和适当的侧隙。侧隙太小，齿轮传动不灵活，甚至卡齿，会加剧齿面磨损；间隙太大，换向空程大，且会产生冲击。中心距和侧隙的变化量。如图 8-18 所示，两者之间尺寸变化量的计算关系是

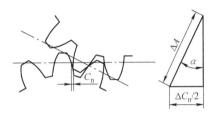

图 8-18　中心距和侧隙的变化量

$$\Delta C_n = 2\Delta A \sin\alpha$$
$$= 0.648\Delta A$$

式中　ΔC_n——侧隙的变化量（mm）；

　　　ΔA——齿轮中心的变化量（mm）；

　　　α——齿轮压力角（20°）。

③ 保证齿轮工作面有一定的接触面和正确的接触部位。两者是相互联系的，如接触部位不正确，同时还反映两啮合齿轮的相互位置误差。

④ 滑移齿轮不应有卡住或阻滞现象。变换机构应保证有正确的错位量，定位要准确。

⑤ 对高速的大齿轮，装配在轴上后还应进行平衡检查，以避免过大的振动。具体要求主要取决于传动装置的用途和精度，并不是对所有齿轮传动机构都要求一样。如分度机构中的齿轮传动主要是保证运动精度，而降低重载的齿轮传动主要是要求传动平稳。

2）装配工艺过程。装配圆柱齿轮传动机构的顺序是先将齿轮装在轴上，再把齿轮轴部件装在箱体中，而当齿轮装到轴上后，可以空转、滑移或与轴固定连接，其结合方式有：圆柱轴颈与半圆键、圆锥轴颈与半圆键、花键滑配、带固定铆钉的压配等。

① 在轴上空转、滑移的齿轮，其齿轮孔与轴为间隙配合，装配后的精度取决于零件本身的加工精度，在装配后，齿轮在轴上不得有晃动现象。

② 在轴上固定的齿轮，通常是齿轮孔与轴有少量过盈的配合，多数为过渡配合，在装配时需要加一定的外力。当过盈量较大时，一般用压力机压入。对于大型齿轮装配，可用液压套合法套合，无论压入或套合，均要防止齿轮歪斜或发生某种变形。

齿轮装在轴上时，常见的误差有：齿轮与轴偏心、歪斜和端面未贴紧轴肩。

精度要求高的齿轮传动机构，在齿轮压紧后需要检查齿轮的径向圆跳动量和轴向圆跳动量。当齿轮孔与轴颈为锥面结合时，在装配前则用涂色法检查内外锥面的接触情况，如贴合不良，可用三角刮刀对内锥面进行修刮，在装配后，轴肩端面与齿轮端面应有一定的间距。

将齿轮部件装入箱体，这是一个极为重要的工序。装配的方法应根据轴在箱体中的结构特点而定，为了保证装配质量，在装配前应对箱体的重要部件进行检查，检查的主要内容

有：孔和平面尺寸精度及几何精度，孔和平面的表面粗糙度。现只介绍箱体孔和平面的部分几何精度的检查内容和方法。

① 同轴孔的同轴度检验。在成批量生产中，用专用检验棒检验同轴度，若检验棒能自由地推入孔中，这说明几个孔的同轴度误差在规定的范围内。

当几个孔直径不等时，对于精度要求不高的，可用几种不同外径的检验套与检验棒配合检验，如图 8-19a 所示。若要判断同轴度误差值，可用检验棒与百分表配合检验，转动检验棒一周，即可测出同轴度误差值，如图 8-19b 所示。

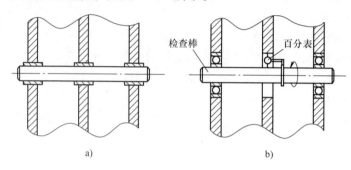

图 8-19　检验箱体孔的同轴度

② 孔距误差、两孔平行度和垂直度误差检验。

a. 孔距常用千分尺或游标卡尺直接检验，如图 8-20a 所示，中心距为

$$A = L_1 + \left(\frac{D_1}{2} + \frac{D_2}{2}\right) \text{或} A = L_2 - \left(\frac{D_1}{2} + \frac{D_2}{2}\right)$$

b. 两孔的中心距也可用图 8-20b 所示的方法检验。

中心距
$$A = \frac{L_1 + L_2}{2} - \frac{D_1 + D_2}{2}$$

同时也可以测得 $L_1 - L_2$（或 $L_2 - L_1$）的差值，检验平行度误差。

a. 在同一平面内，两孔垂直度误差的检验按图 8-20c 所示方法进行。百分表装在检验棒上，为防止检验棒轴向窜动，检验棒上应加定位套，将检验棒 1 旋转 180°，百分表随检验棒 1 在检验棒 2 的两个位置上测得两个读数差，即为两孔在 L 长度内的垂直误差。

b. 图 8-20d 所示为两孔轴线垂直不相交误差的检验。将检验棒 1 的测量端做成叉形槽，检验棒 2 的测量端按一定的公差做成两个阶梯形，即通端及止端，在检查时，若能使通端通过叉形槽，而止端不能通过，则不相交误差在规定误差范围内，否则就超出误差范围。

c. 不在同一平面内垂直两孔的轴线垂直度误差的检验，如图 8-20e 所示。箱体用千斤顶支撑在平板上，用直角尺找正，检验棒 2 垂直于平板平面，再用百分表测量检验棒 1 对平板平面的平行度，测得读数差，即为两孔轴线的垂直度误差。

③ 每孔轴线与箱体基面（底平面）尺寸误差和平行度误差的检验。将箱体基面安装在平板平面上，再把检验棒插入被检验的孔中，用游标高度卡尺或百分表测量检验棒两端尺寸，其读数值为轴线与基面的距离，两端读数差为平行度误差。

④ 齿轮啮合质量的检查。在齿轮轴部件装入箱体轴承孔后，齿轮轮齿必须有良好的啮合质量。齿轮的啮合质量，包括适当的侧隙和一定的接触面积，测量侧隙的方法如下：

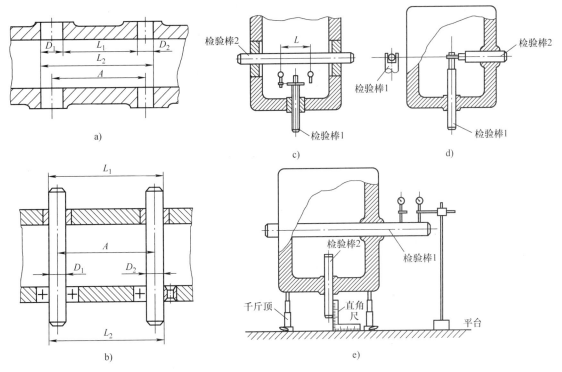

图 8-20　两孔平行度和垂直度误差测量

a. 用压铅线检验。在齿面沿齿宽两端平面放置两根铅线，宽齿放置 3 ~ 4 根，铅线直径一般不超过最小侧隙的 4 倍。转动齿轮，铅线被挤压后最薄处的尺寸即为侧隙。

b. 用百分表检验。将接触百分表测头的齿轮从一侧啮合转到另一侧啮合，百分表上的读数差即为侧隙。

c. 接触面积检验。通过相互啮合两齿轮的接触斑点，用涂色法进行检验。在检验时，转动主动轮应轻微制动，对双向工作的齿轮转动正反转都要检验。

齿轮轮齿上接触印痕的分布面积，在齿轮的高度方向接触斑点应为 30% ~ 50%，在轮齿的宽度方向应为 40% ~ 70%。通过涂色法检验，还可以判断产生误差的原因，如图 8-21 所示。

产生接触斑点不良现象的主要原因和调整方法：

第 1 种，两齿轮轮齿同向偏接触：因为两齿轮轴线不平行，异向偏接触，两齿轮轴线歪斜。调整方法是在中心距允许的误差范围内，刮研轴瓦或调整轴承。

第 2 种，单向偏接触：两齿轮轴线不平行，同时斜歪，调整方法同上。

第 3 种，游离接触：在整个齿圈上接触区，由一边逐渐移至另一边，齿轮轮齿端面与回转轴线不垂直。检查并校正齿轮端面与回转中心线的垂直度误差。

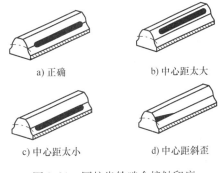

a) 正确　　　　b) 中心距太大

c) 中心距太小　　d) 中心距斜歪

图 8-21　圆柱齿轮啮合接触印痕

装配锥齿轮传动机构的工艺过程和检验方法，与装配圆柱齿轮传动机构大致相同。

（3）蜗杆传动机构的装配　蜗杆传动机构是用来传递空间相互垂直交叉轴之间的运动和动力。一般蜗杆是主动件，其轴线与蜗轮轴线在空间交叉 90°。蜗杆传动机构的优点是结构紧凑、传动比大、工作稳定、噪声小、自锁性好，缺点是传动效率低、工作发热量大、需要有良好润滑。

1）对蜗杆传动的技术要求。

① 蜗杆中心线与蜗轮中心线相互垂直。

② 蜗杆轴线应在蜗轮轮齿的对称中心面内。

③ 蜗杆与蜗轮间的中心距要准确。

④ 有适当的侧隙。

⑤ 有正确的接触斑点。

其工作性能应是：传动灵活，蜗轮在任何位置时，旋转蜗杆所需的转矩大小不变，并无卡住现象。

2）蜗杆传动机构装配工艺过程。蜗杆传动机构的装配顺序，应根据具体结构而定。一般是先装蜗轮，但也有先装蜗杆，后装蜗轮的。一般情况下，按下列顺序进行：

① 组合式蜗轮应先将齿轮圈压装在轮毂上，压装方法与过盈装配相同，并用螺钉加以紧固。

② 将蜗轮装在轴上，其装配及检验方法与装配圆柱齿轮相同。

③ 把蜗轮轴组件装入箱体，然后再装入蜗杆，因蜗杆轴的位置已由箱体孔确定，要使蜗杆轴线位于蜗轮轮齿的对称中心面内，只能通过改变调整垫片厚度的方法，调整蜗轮的轴向位置。

（4）液压传动装置的装配　液压传动以具有一定压力的油液作为工作介质来传递运动和动力，目前广泛用于实现各种机械的复杂运动和控制的机构中，已成为许多机械设备的一个重要组成部分，在许多金属切削机床（如磨床、刨床）及冶金化工企业的自动化装置中也都应用较广泛。

液压传动装置通常是由液压泵、液压缸、阀类和管道等组成，现简要介绍其特点和典型液压元件的安装工艺。

1）液压传动装置的特点。液压传动与机械传动及电气传动相比，具有以下优点：体积小，重量轻，传动平稳，可频繁换向，调速范围大，寿命长，易实现自动化、标准化和系列化等。

但其也存在一些缺点：

① 不可避免地产生漏油现象，因而不能实现严格的定比传动。

② 当液压系统中混入空气后，会产生"爬行"、噪声等故障。

③ 当油液受污染后，常会堵塞小孔、键缝等通道，影响动作的可靠性。

④ 当油温和载荷变化时，运动速度随之变化，不易保持稳定性。

⑤ 液压传动的能量损失转化为热量，影响机床的工作精度。

⑥ 一般难以检查和确定故障的原因。

⑦ 液压元件制造精度要求较高，工艺性不够好。

2）液压泵的安装。液压泵是将机械能转化为液压能的能量转换装置。常用的液压泵有齿轮泵、叶片泵和柱塞泵等，一般由专业液压件厂生产。

① 液压泵的性能试验。液压泵在安装前要检查其性能是否满足要求，故需进行必要的性能试验。

a. 用手转动主动轴（齿轮泵）或转子轴（叶片泵），要求转动灵活、无阻滞现象。

b. 在额定压力下工作时，能达到规定的输油量。

c. 当压力从零逐渐升高到额定的压力值时，各结合面不准有漏油和异常杂音。

d. 在额定压力下工作时，其压力波动值不准超过规定值，CB 型齿轮泵为 $\pm 1.5 \times 10^5 Pa$，YB 型叶片泵为 $\pm 2 \times 10^5 Pa$。

② 液压泵的安装要点。

a. 液压泵一般不得由 V 带带动，最好由电动机直接传动。

b. 液压泵与电动机之间应有较高的同轴度，一般应保证同轴度误差不大于 0.1mm，倾斜角不大于 1°。

c. 液压泵的入口、出口和旋转方向，一般在铭牌中标明，应按规定连接管路和电路，不得反转。

d. 安装液压泵与电动机之间的联轴器。

3）液压缸的安装。液压缸是液压系统中的执行机构，也是液压系统中把液压泵输出的液体压力能转换为机械能的能量转换装置。液压缸可以实现各种设备的直线或往复运动。液压缸的形式主要有 3 大类，即活塞式液压缸、柱塞式液压缸、摆动式液压缸。

① 液压缸的装配要点。液压缸装配主要是保证液压缸和活塞做相对运动时，既无阻滞又无泄漏。

a. 严格控制液压缸与活塞之间的配合间隙是防止泄漏和保证运动可靠的关键。如果活塞上没有 O 形密封圈，其配合间隙应为 0.02 ~ 0.04mm；带 O 形密封圈时，配合间隙应为 0.05 ~ 0.1mm。

b. 保证活塞与活塞杆的同轴度及活塞杆的直线度。为了保证活塞与液压缸的直线运动的准确和平稳，活塞与活塞杆的同轴度误差应小于 0.04mm。活塞杆在全长范围内，直线度误差应不大于 0.20mm。在装配时，将活塞和活塞杆连成一体，放在 V 形架上，用百分表进行检验校正。

c. 活塞与液压缸配合面应严格保持清洁，在装配前用煤油进行清洗。

d. 在装配后，活塞在液压缸内全长移动时，应是灵活、无阻滞的。

e. 在液压缸两端盖装上后，应均匀拧紧螺栓，使活塞杆在全长范围内移动无阻滞和不出现轻重不一的现象。

② 液压缸的性能试验。在液压缸装配后要进行下列性能试验：

a. 在规定的压力下，观察活塞与液压缸端盖及端盖与液压缸的结合处是否有渗漏。

b. 观察液压缸装置是否过紧，致使活塞或液压缸移动时不顺畅。

c. 测定活塞或液压缸移动速度是否均匀。

③ 液压缸的安装。固定式液压缸安装要与工件有一定的垂直度或直线度。摆动液压缸安装时要保证一定的摆动量，不得反向摆动。

④ 压力阀的装配。用于液压传动的阀类较多，按功能分为压力阀、流量阀和方向阀，其连接方式有板式连接和管式连接。就其装配要点而言，则大同小异，现以压力阀为例简述

如下：

　　a. 压力阀在装配前，应将零件清洗干净，特别是阻尼孔道，需要用压缩空气清除污物。

　　b. 阀芯与阀体的密封性应良好，并用汽油试漏。

　　c. 阀体结合面应加耐油纸垫，确保密封。

　　d. 阀芯与阀体的配合间隙应符合要求，在全行程上移动应灵活自如。

　　⑤ 压力阀的性能试验。

　　a. 在试验时，调整压力调整螺钉，从最低数据逐渐升高到系统所需工作压力，要求压力平稳地改变，工作正常，压力波动不超出 $\pm 1.5 \times 10^5 \mathrm{Pa}$。

　　b. 当压力阀门在机床中做循环试验时，应观察其运动部位在换向时工作的平稳性，应无明显的冲击和噪声。

　　c. 在最大压力下工作时，不允许结合处有漏油现象。

　　d. 溢流阀在卸荷状态时，其压力不超过 $2 \times 10^5 \mathrm{Pa}$。

　　4）管道连接的装配。把液压元件组合成液压传动系统，是通过传输液压油的管道实现的，管道由管子、管接头、法兰盖、衬垫等组成。管道属于液压系统的辅助装置，用以保证液压油的循环和传递能力。如果管道连接不当，不仅使液压系统失灵，而且会造成液压元件损坏，以致发生设备与人身事故。

　　① 管道连接的技术要求。

　　a. 液压管道必须根据压力和使用场所进行选择。液压管应具有足够的强度，而且要求内壁光滑、清洁，无锈蚀、氧化和砂眼等缺陷。

　　b. 对有锈蚀的管子应进行酸洗、中和、干燥、涂油、试压等工作，直到合格才能使用。

　　c. 在切断管子时，断面应与轴线垂直。在弯曲管子时，防止把管子弯扁。

　　d. 对较长管道各段应有支撑件，并用管夹固定牢固。

　　e. 在管道安装时，应保证最小的压力损失，整个管道应尽量短，拐弯次数少，并要保留管道受温度影响产生变形的余地。

　　f. 在液压系统中任何一段管道元件应能单独拆卸，不影响其他元件，以便于修理或更换。

　　g. 在管道最高处应加排气装置。

　　h. 全部管道应进行二次安装，即在试装调好后，再拆下管道，经过清洗、干燥、涂油及试压，再进行安装，并防止污物进入管道。

　　② 管接头的装配要点。管接头按结构形式及用途不同，分为扩口薄管接头、卡套式管接头等，在使用时可根据压力、管径和管子材料进行选择，尽量做到结构简单、装拆方便、工作可靠。

　　a. 扩口薄管接头装配。金属管、薄钢管或尼龙管都采用扩口薄管接头连接，在装配时，先将管子端部扩口，并分别套上管套、管螺母，然后再装入管接头，拧紧管螺母，使其与头体结合。

　　b. 球形管接头装配。分别把球形接头体和管接头体与管子焊接，再把连接螺母套在球形接头上，然后拧紧螺母。当压力较大时，结合球面应当研配，进行涂色检查，接触面宽度应不小于1mm。

　　c. 高压胶管接头装配。将胶管剥去一定长度的外胶层，剥离处倒角15°左右，装入外套内，胶管端部与外套螺纹部分应留有 1mm 的距离，然后把接头螺纹拧入接头管及胶管中，使胶管和接头及外套紧密地连接起来。

8.4　装配前零件的清理和清洗

在装配过程中，零件的清理和清洗工作对提高装配质量、延长产品使用寿命都有重要意义，特别是对于轴承、精密配合件、液压元件、密封件及有特殊清洗要求的零件等更为重要。例如，在装配主轴部件时，若清理和清洗工作不严格，将会造成轴承温升过高，并过早丧失其精度；对于相对滑动的导轨副，也会因摩擦面间有砂粒、切屑等而加速磨损，甚至会出现导轨副"咬合"等严重事故。因此，在装配过程中必须认真做好这项工作。

1. 零部件的清理

在装配前，对零件上残存的型砂、铁锈、切屑、研磨剂、涂装灰砂等，必须用钢丝刷、毛刷、皮风箱或压缩空气等清除干净，绝不允许有油污、脏物和切屑存在，并应修钝锐边和去毛刺。有些铸件及钣金件还必须先打腻子和喷漆后才能装配（如变速器、机体等内部喷淡色涂装）。

对于孔、槽、沟及其他容易存留杂物的地方，应特别仔细地清理。外购件、液压元件、电器及其系统均应先经过单独试验或在检查合格后，才能投入装配。

在装配时，各配钻孔应符合装配图和工艺规定要求，不得偏斜。要及时和彻底地清除在钻、铰或攻螺纹等加工时所产生的切屑。对重要的配合表面，在清理时，应注意保持所要求的精度和表面粗糙度，且不准对表面粗糙度值 $Ra1.6\mu m$ 以下的表面使用锉刀加工，必要时在检验员的同意下，可用 0 号砂纸修磨。

装好的并经检查合格的组件或部件必须加以防护盖罩，以防止水、气、污物及其他脏物进入部件内部。

2. 零件的清洗

零件的清洗过程是一种复杂的表面化学物理现象。

（1）零件的清洗方法　在单件或小批量生产中，零件可在洗涤槽内用抹布擦洗或进行冲洗。在成批量或大量生产中，常用洗涤机清洗零件。图 8-22 所示为适用于成批生产中清洗小型零件的固定式喷嘴喷洗装置。图 8-23 所示为一种比较理想的超声波清洗装置，它利用高频率的超声波，使清洗液振动从而出现大量空穴气泡，并逐渐长大。然后突然闭合，在闭合时会产生自中心向外的超声波，压力可达几十甚至几百兆帕，促使零件上所黏附的油垢剥落。同时，空穴气泡的强烈振荡，加强和加速了清洗液对油垢的乳化作用和增溶作用，提高了清洗能力。

超声波清洗主要用于清洗精度要求较高的零件，尤其是经精密加工、几何形状较复杂的零件，如光学零件、精密传动的零部件、微型轴承和精密轴承等。零件上的小孔、深孔、不通孔、凹槽等也能获得较好的清洗效果。

（2）常用的清洗液　常用的清洗液有汽油、煤油、轻柴油及水剂清洗液。它们的性能如下：

1）工业汽油主要用于清洗油脂、污垢和黏附的机械杂质，适用于清洗较精密的零部件。航空汽油用于清洗质量要求较高的零件。对橡胶制品，严禁用汽油清洗，以防发胀

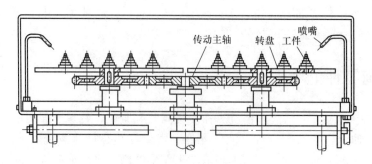

图 8-22 固定式喷嘴喷洗装置

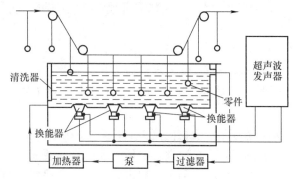

图 8-23 超声波清洗装置示意图

变形。

2）煤油和轻柴油的应用与汽油相似，但清洗能力不及汽油，在清洗后干得较慢，但比汽油安全。

3）水剂清洗液是金属清洗剂起主要作用的水溶液，金属清洗剂占 4% 以下，其余是水。金属清洗剂主要是非离子表面活性剂，具有清洗力强，应用工艺简单，多种洗涤方法都可适用，并有较好的稳定性、缓蚀性，无毒，不燃，使用安全，以及成本低等特点。常用的金属清洗剂有 6501、6503、105 清洗剂等。

第9章 钳工生产实训规章制度

9.1 学生实训守则

1）学生应按照课程教学计划准时上实训课、不得无故迟到、早退、缺席，有事必须递交经批准的书面假条。

2）实训前须认真预习实训指导书和有关理论知识，明确本次实训的目的和要求，了解所用实训设备的安全操作规程、结构、工作原理、操作步骤和基本要求。

3）严格遵守安全操作规程，正确使用设备、工具、量具等，未经指导教师允许不得擅自开动设备。

4）严格遵守学校纪律，遵守各项实训规章制度，认真操作，不得擅自离开实训工位和实训场地，不准开动与自己无关的机器设备，不准做影响其他操作者注意力的事情，不得大声喧哗，不准随地吐痰和乱扔果皮纸屑，保持实训场地和仪器设备整齐清洁。

5）服从实训教师的安排和指导，按要求进行实训操作，如果发生意外事故，应立即报告实训老师，以便及时处理。

6）要勤俭节约、爱护仪器设备，节约使用材料，未经许可不得动用与实训无关的其他设备。严禁将实训场地的任何物品带出。

7）保持实训场地整洁，每次实训结束前，应认真打扫实训场地，保养实训设备，清点仪器和工、量具，切断电源、关好门窗，经实训教师检查后方可离开。

8）讲文明，注意仪表端庄，进入实训室要穿军训服，严禁穿背心、拖鞋、短裤、裙子进入实训室。

9）要按时完成实训总结报告，及时交实训教师批阅。

10）对违反实训规章制度、操作规程而造成事故或仪器设备损坏，要视情节严重情况，按学校有关制度处理。

9.2 钳工实训安全管理制度

1）实训室是实训教学场所，除上课的实训教师和学生外，任何人未经允许，不得入内。

2）实训教师要牢固树立安全第一的观念，熟悉并掌握人员、设备安全知识，做好学生的安全教育工作，防止安全事故的发生。

3）对实训的学生必须进行实训安全教育。实训教师应以身作则，严格遵守各项规章制度。

4）实训前要做好工、量具的日常维护、保养和管理工作，保持工、量具的良好技术状态；做好电气设备的检修和保养工作，严禁使用有故障的电动设备。

5）实训时要穿好工作服，女生要戴工作帽，头发应塞进帽子中；不准穿高跟鞋、拖鞋和凉鞋；严禁戴手套、围巾和首饰进行操作。

6）实训学生在实训室严禁喧哗、打闹；操作时，要互相照应，避免发生意外。

7）实训学生使用砂轮机前必须戴护目镜，磨削时注意握紧工件，避免滑落，发现异常时立即停机。

8）实训学生使用钻床钻削时，工件定位要牢靠，严禁戴手套作业，出现异常时立即停机。

9）钻削时不准直接用手清除切屑，更不准用嘴吹。

10）实训学生不得擅自拆、修电气设备，严格执行用电安全制度。

11）指导教师巡回指导，必须加强安全操作指导，防止安全事故的发生。

12）实训学生要做到文明实习，操作结束后，应将工、量具等放回原处，擦净设备，清扫场地，做好室内清洁，离开时做好安全防范。

9.3　钳工实训主要项目

1）钳工实训安全操作规程。
2）钳工常用设备的使用和维护。
3）钳工常用工、量具的使用和维护。
4）划线训练。
5）锉削训练。
6）锯削训练。
7）钻孔训练。
8）铰孔训练。
9）攻螺纹训练。
10）配合件的修整与装配。
11）设备维护与保养。

9.4　实训室操作流程

1）讲解——实训安排；安全教育；评分标准；每单元实训内容及注意事项；观看教学录像片。

2）分组示范——每个加工工步的操作方法及安全事项。

3）学生操作——独立完成单元或工步训练内容。

4）巡视指导——实训教师对自己所带的学生操作进行巡视和指导，并纠正错误操作。

5）设备保养——每次训练后，学生对车床及实训环境进行保养和清洁。

6）实训总结——对每个单元或全部实训内容进行总结，学生填写实训报告。

9.5　实践操作考试规则

1）考生进入考场必须遵守以下规则，必须按照准考证所指定的时间、考场、工位号参加考试，要服从监考老师的安排，尊重监考老师。

2）考生应在考前 30min 进入考场，凭准考证进行登记校验，领取所需的考卷、工具、量具、刃具、材料和毛坯件。考生迟到 30min 以上不得入考场，考试进行 30min 后才准交卷出场。

3）考生要独立完成自己的考试零件，不得相互商量，严禁代考。

4）考生考试时不得询问制作工艺和加工方面的问题，如有因图样的符号、数字不清，以及工具、量具、刃具和考件毛坯方面的问题，可在自己的工位上询问监考老师，不得窜岗。

5）考生在使用必要的机械设备时，必须严格遵守安全操作规程，严防人身和设备事故的发生。

6）考件确定完成后，应连同图样和评分表放在自己的工位上，请监考老师登记验收，待设备和工位清理干净，交清所领的物品后立即退出考场。

7）考试结束时间一到，要立即停止操作，不得延长时间，由监考老师逐个验收考件和所领物品等。考生清理设备和工位场地后方可退出考场。

8）考生必须严格遵守考场纪律，如发现代考、调换考件等舞弊行为，立即取消考试资格，按有关规定严肃处理。

第 10 章 综 合 训 练

10.1 鸭嘴锤制作

【鸭嘴锤制作目的与要求】

1）了解钳工安全操作技术、所用设备安全操作规程及实训室安全文明生产管理规定。

2）熟悉钳工基础知识，了解钳工工艺范围、掌握钳工常用设备、工具的结构、用途、正确使用和维护保养方法。

3）熟悉钳工常用量具的基本知识，掌握钳工常用量具使用和维护保养方法。

4）掌握钳工常用刀具的使用和刃磨方法。

5）掌握钳工的基本操作技能，按图样独立加工工件，达到一定的钳工技能。

6）培养勤学苦练的精神，养成遵纪守规、安全操作、文明生产的职业习惯。

鸭嘴锤图样如图 10-1 所示。

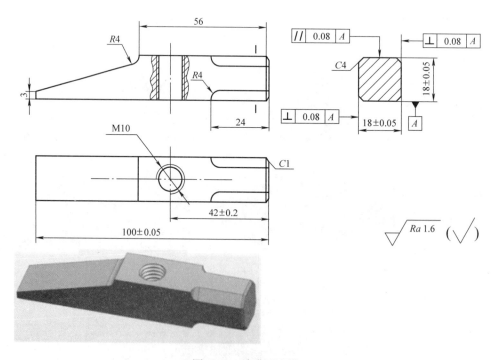

图 10-1　鸭嘴锤图样

任务1 基准加工

【训练目的与要求】

1）了解钳工安全操作技术、所用设备安全操作规程及实训室安全文明生产管理规定。

2）掌握锉削基础知识。

3）熟练掌握平面锉削方法。

【训练方法与技巧】

1）利用锉刀粗、精加工第一个基准面A面，保证基准面的平面度、表面粗糙度，使其达到图样要求，如图10-2所示。

2）加工与基准面A面相邻的垂直面，保证其垂直度达到图样要求，如图10-2所示。

3）利用交叉锉、顺向锉法分别加工已加工好两面的对面平行面，用游标卡尺和刀口形直尺进行检测，如图10-2所示。

4）用直角尺控制与基准面的平行度和垂直度，达到图样要求尺寸（18±0.05）mm，如图10-2所示。

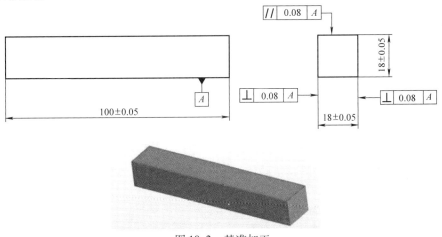

图10-2 基准加工

任务2 划 线

【训练目的与要求】

1）掌握划线基础知识。

2）熟练掌握划线工具使用方法。

【训练方法与技巧】

1）在工件待加工部位涂上划线涂料。

2）以垂直于A面的右端面为基准，分别划出20mm、24mm、56mm、60mm四条平行线，如图10-3所示。

3）以A面为基准，分别划出3mm、4mm、14mm三条平行线，如图10-3所示。

4）用划针和钢直尺连接ab点斜线，如图10-3所示。

5）工件上表面划 42mm 和 9mm 的直线相交。

6）对照图样检查有无错划、漏划线条，如图 10-3 所示。

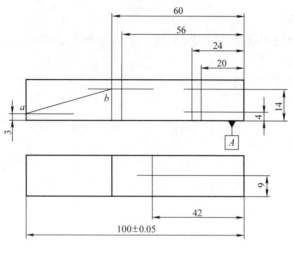

图 10-3　划线

任务 3　锯削和锉削

【训练目的与要求】

1）掌握锯削基础知识。

2）熟练掌握锯削姿势及起锯方法。

3）掌握内圆弧加工方法。

【训练方法与技巧】

1）从 a 点起锯，沿斜线锯至 b 点，并保留一定加工余量，如图 10-4a 所示。

2）从 c 点锯至 b 点，如图 10-4a 所示。

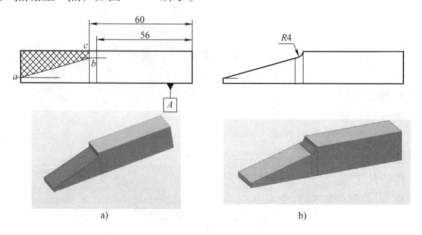

a)　　　　　　　　　　　b)

图 10-4　锯削和锉削

3）用圆锉先加工 *R*4mm 圆弧至 56mm 处，如图 10-4b 所示。

4）用推锉法加工斜面至尺寸线，并与 *R*4mm 圆弧光滑连接，如图 10-4b 所示。

任务 4 孔 加 工

【训练目的与要求】

1）了解钻床基础知识。

2）了解内螺纹加工知识。

3）安全规范操作钻床。

【训练方法与技巧 1】

1）以 9mm 与 42mm 的交点处打样冲眼，深度为 1mm，如图 10-5a 所示。

2）以 9mm 与 42mm 的交点为中心，利用钻床先钻直径为 1mm 的通孔，再钻螺纹 M10 的底孔 ϕ8.8mm，如图 10-5a 所示。

3）利用手用丝锥攻 M10 的内螺纹，如图 10-5b 所示。

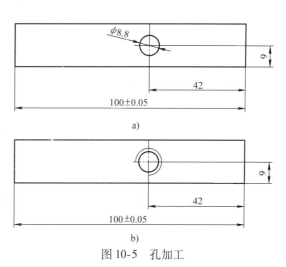

图 10-5 孔加工

【训练方法与技巧 2】

1）对角线装夹工件，用圆锉在 20mm 处先加工 *R*4mm 圆弧，如图 10-6 所示。

2）用小平锉锉削加工 *C*4mm 倒角平面与 *R*4 圆弧相切，如图 10-6 所示。

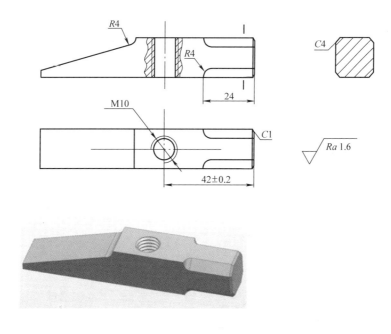

图 10-6 锉削 *R*4mm 和 *C*4mm

任务 5 修 整

【训练目的与要求】

1）了解钳工辅助工序基础知识。

2）了解热处理基础知识。

【训练方法与技巧】

1）用顺向锉法精加工各个表面（9个面）。

2）端面处进行 C1 倒角。

3）用砂纸打磨各个表面。

4）打钢码字。

5）淬火。

鸭嘴锤制作评分标准

姓名：_____ 班级_____ 成绩：_____ 等级：_____

序号	评分项目	评分标准	配分	得分
1	工量具安全规范使用	姿势标准，动作规范（锉削、锯削、划线）	15 分	
2	基准尺寸公差	按图样要求，超差 0.5mm 不得分（18mm×18mm）	5 分	
3	基准几何公差	按图样要求，垂直度、平行度等超差不得分	5 分	
4	划线	位置准确、无错划、漏划	5 分	
5	锯削和锉削	斜面和内圆弧面等符合图样要求	15 分	
6	钻床安全规范使用	能够安全规范使用钻床	10 分	
7	钻孔	样冲眼和底孔加工符合图样要求	5 分	
8	内螺纹	正确使用手用铰杠	5 分	
9	辅助工序	修理、打磨、打码等均符合图样要求	5 分	
10	工件综合测评	按图样尺寸公差和几何公差要求	10 分	
11	实训报告	合理规范撰写	5 分	
12	综合学习态度	此评分为减分（学习态度不端正按情节可在总分中扣除 1~5分）	5 分	
13	安全文明实训	此评分为减分（违反实训规定按情节轻重可在总分中扣除 1~10分）	10 分	
总分				

10.2 手枪制作

【手枪制作目的与要求】

1）了解钳工安全操作技术、所用设备安全操作规程及实训室安全文明生产管理规定。

2）熟悉钳工的基础知识，了解钳工工艺范围，掌握钳工常用设备、工具的结构、用途、正确使用和维护保养方法。

3）熟悉钳工常用量具的基本知识，掌握钳工常用量具使用和维护保养方法。

4）掌握钳工常用刀具的使用和刃磨方法。

5）掌握钳工的基本操作技能，按图样独立加工工件，达到一定的钳工技能。

6）培养勤学苦练的精神，养成遵纪守规、安全操作、文明生产的职业习惯。

① 手枪装配图如图 10-7 所示。

② 枪把图样如图 10-8 所示。

③ 枪管图样如图 10-9 所示。

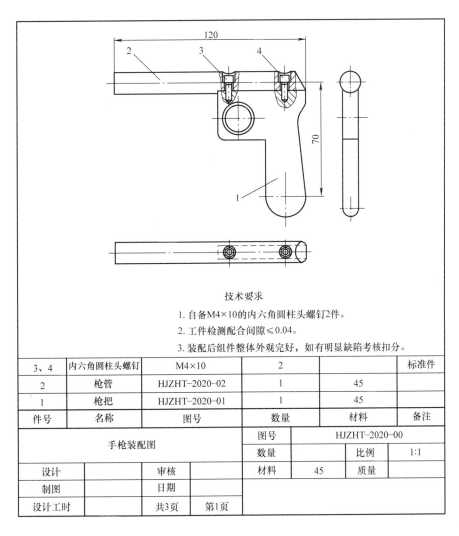

技术要求

1. 自备M4×10的内六角圆柱头螺钉2件。

2. 工件检测配合间隙≤0.04。

3. 装配后组件整体外观完好，如有明显缺陷考核扣分。

3、4	内六角圆柱头螺钉	M4×10	2		标准件
2	枪管	HJZHT-2020-02	1	45	
1	枪把	HJZHT-2020-01	1	45	
件号	名称	图号	数量	材料	备注

手枪装配图		图号	HJZHT-2020-00		
		数量		比例	1:1
设计		审核	材料	45	质量	
制图		日期			
设计工时		共3页	第1页		

图 10-7　手枪装配图

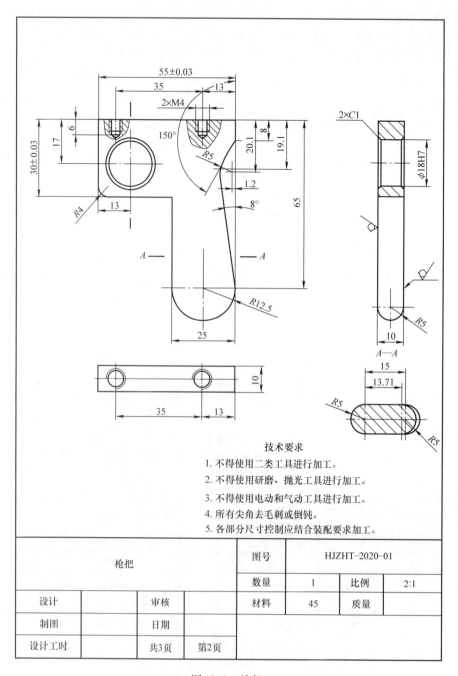

技术要求

1. 不得使用二类工具进行加工。

2. 不得使用研磨、抛光工具进行加工。

3. 不得使用电动和气动工具进行加工。

4. 所有尖角去毛刺或倒钝。

5. 各部分尺寸控制应结合装配要求加工。

枪把			图号	HJZHT-2020-01		
			数量	1	比例	2:1
设计		审核	材料	45	质量	
制图		日期				
设计工时		共3页	第2页			

图 10-8 枪把

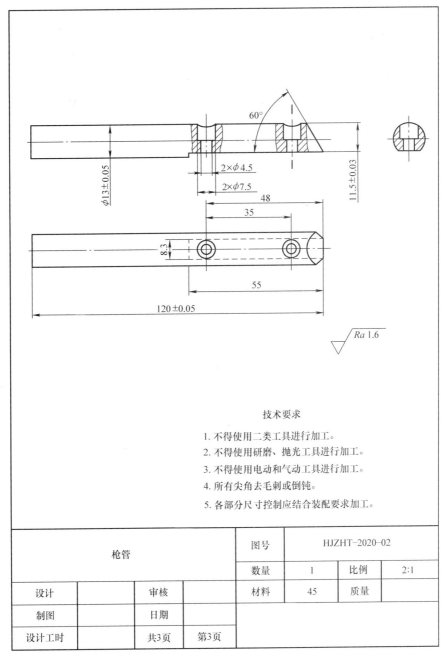

技术要求

1. 不得使用二类工具进行加工。
2. 不得使用研磨、抛光工具进行加工。
3. 不得使用电动和气动工具进行加工。
4. 所有尖角去毛刺或倒钝。
5. 各部分尺寸控制应结合装配要求加工。

枪管			图号	HJZHT-2020-02	
			数量	1	比例	2:1
设计		审核		材料	45	质量	
制图		日期					
设计工时		共3页	第3页				

图 10-9　枪管

任务1　准备毛坯

【训练目的与要求】

1）了解钳工安全操作技术、所用设备安全操作规程及实训室安全文明生产管理规定。

2）掌握锉削基础知识。

3）熟练掌握平面锉削方法。

【训练方法与技巧】

1）利用锉刀粗、精加枪把毛坯的第一个基准面 A 面，保证基准面的表面粗糙度要求等，使其达到图样要求，如图 10-10a 所示。

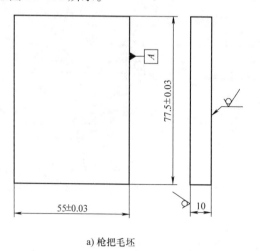

a) 枪把毛坯

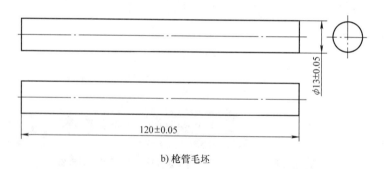

b) 枪管毛坯

图 10-10　枪把和枪管毛坯

2）加工枪把毛坯的与基准面 A 面相邻的两个垂直面，保证其达到图样要求与精度，如图 10-10a所示。

3）利用交叉锉、顺向锉法分别加工已加工好两面的对面平行面，用游标卡尺和刀口形直尺进行检测。

4）用直角尺控制与基准面的达到图样要求尺寸（55 ± 0.03）mm 和（77.5 ± 0.03）mm，如图 10-10a 所示。

5）枪管主要加工两端面保证（120 ± 0.05）mm，直径以加工到尺寸要求，如图 10-10b 所示。

任务 2　枪把划线与锯削

【训练目的与要求】

1）掌握划线基础知识。

2）熟练掌握划线工具使用方法。

3）掌握锯削基础知识。

4）熟练掌握锯削姿势及起锯方法。

【训练方法与技巧】

1）在工件待加工部位涂上划线涂料。

2）先以 A 面为基准，按照尺寸划出纵向线段 1.2mm、12.5mm、25mm、42mm（55mm−13mm），再按照尺寸划出横向线段 8mm、17mm、20.1mm、30mm、65mm；侧面上划两个 5mm 相交，如图 10-11 所示。

3）在 13mm 与 17mm、20.1mm 与 1.2mm、12.5mm 与 65mm 细线交线处打样冲眼，俯视图的中线分别与 13mm 和 35mm 的两个细线交线处打样冲眼，再在侧视图的两个 5mm 的细线交线处打样冲眼，如图 10-11 所示。

4）用划规在主视图上分别以 20.1mm 与 1.2mm 交线处为圆心，以 R5mm 为半径划圆；以 12.5mm 与 65mm 交线处为圆心，以 R12.5mm 为半径划圆，如图 10-11 所示。

5）对照图样进行检查，有无错划、漏划线条，如图 10-11 所示。

6）锯削下料 47.5mm×30mm，如图 10-11 所示。

7）锯削：从 a 点起锯，沿直线锯至 b 点，并保留一定加工余量，如图 10-11 所示。

8）再从 c 点起锯，沿直线锯至 b 点，如图 10-11 所示。

9）取下废料。

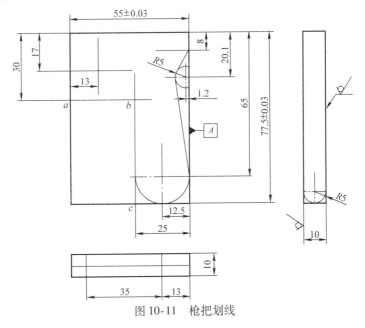

图 10-11 枪把划线

任务 3 枪把和枪管制作

【训练目的与要求】

1）掌握锉削基础知识。

2）熟练掌握锉削姿势及锉削方法。

3）掌握内、外圆弧加工方法。

【训练方法与技巧】

1）锉削（30 ± 0.03）mm、（25 ± 0.03）mm 至要求，如图 10-12 所示。

2）用圆锉先加工 R4mm 的圆弧至要求，如图 10-12 所示。

3）锯削：从 e 点起锯，沿斜线锯至 f 点再到 g 点，并保留一定加工余量，或者直接锉削余量，如图 10-12 所示。

4）用推锉法加工枪把右侧斜面至尺寸线，并锉削 R5mm 圆弧与线段 ef 和线段 fg 相切，如图 10-12 所示。

5）锉削底部 R5mm 的外圆弧至尺寸，如图 10-12 所示。

6）锉削枪管的 55mm 至（11.5 ± 0.03）mm 尺寸，如图 10-13 所示。

7）锉削枪管的 60°斜面至尺寸，如图 10-13 所示。

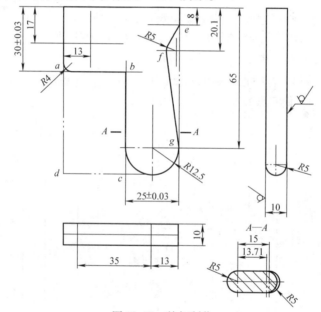

图 10-12　枪把制作

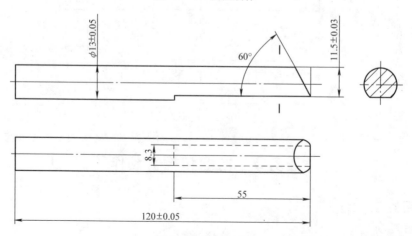

图 10-13　枪管制作

任务4 孔 加 工

【训练目的与要求】

1）了解钻床基础知识。

2）了解钻孔、扩孔、铰孔、内螺纹及倒角的加工知识和加工方法。

3）掌握设备安全操作规范及准则。

【训练方法与技巧】

1）在枪把上样冲眼处钻底孔，在上部螺纹处钻螺纹底孔 $\phi 3.3$ mm，如图 10-14 所示。

2）调换工件装夹方式，使之平放，打 $\phi 18$H7 的底孔 $\phi 10$mm，然后用 $\phi 17.8$mm 的钻头扩孔，最后倒角，如图 10-14 所示。

3）在枪管上样冲眼处钻通孔 $\phi 4.5$mm，再用 $\phi 7.5$mm 的钻头钻沉头孔，深 5mm，如图 10-9 所示。

4）铰孔 $\phi 18$H7，如图 10-14 所示。

5）攻螺纹 M4，如图 10-14 所示。

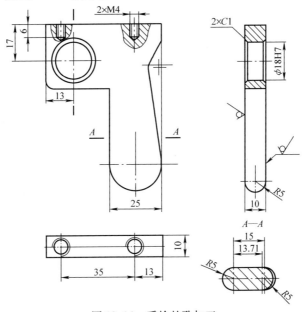

图 10-14 手枪的孔加工

任务5 修整和装配

【训练目的与要求】

1）了解钳工常用辅助工具基础知识。

2）了解装配的基础知识。

【训练方法与技巧】

1）用顺向锉法精加工各个表面。

2）各个棱边倒钝。

3）用砂纸打磨各个表面。

4）装配（见图10-7）。

5）打钢码字。

手枪制作评分标准

姓名：_____ 班级：_____ 成绩：_____ 等级：_____

序号	评分项目	评分标准	配分	得分
1	工量具安全规范使用	姿势标准，动作规范（锉削、锯削、划线）	15分	
2	基准尺寸公差	按图样要求，超差不得分	5分	
3	基准几何公差	按图样要求，垂直度等超差不得分	5分	
4	划线	位置准确，无错划、漏划	5分	
5	锯削和锉削	直面、斜面和圆弧面等符合图样要求	15分	
6	钻床安全规范使用	能够安全规范使用钻床	10分	
7	钻孔	样冲眼和底孔加工符合图样要求	5分	
8	内螺纹	正确使用手用铰杠	5分	
9	辅助工序	修理、打磨、打码等符合图样要求	5分	
10	工件综合测评	按图样尺寸公差和几何公差要求	10分	
11	实训报告	合理规范撰写	5分	
12	综合学习态度	此评分为减分（学习态度不端正按情节可在总分中扣除1~5分）	5分	
13	安全文明实训	此评分为减分（违反实训规定按情节轻重可在总分中扣除1~10分）	10分	
总分				

10.3　凸台燕尾制作

【实训图样】

凸台燕尾制作如图10-15所示。

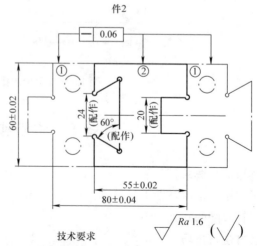

技术要求

以件1为基准，件2配作，配合间隙≤0.04mm。

图10-15　凸台燕尾图样

【评分标准】

凸台燕尾制作评分标准

序号	考核内容	考核要求	配分	评分标准	得分
1	尺寸精度	(60 ± 0.02)mm（2 处）	6 分	超差不得分	
2		$15_{-0.03}^{\ 0}$mm（2 处）	6 分	超差不得分	
3		(24 ± 0.02)mm（1 处）	3 分	超差不得分	
4		(25 ± 0.02)mm（2 处）	6 分	超差不得分	
5		(55 ± 0.02)mm（1 处）	3 分	超差不得分	
6		(30 ± 0.1)mm（2 处）	3 分	超差不得分	
7		$20_{-0.03}^{\ 0}$mm（1 处）	4 分	超差不得分	
8		$60° \pm 4'$（2 处）	12 分	超差不得分	
9	直线度	▭ 0.06（4 处）	8 分	超差不得分	
10	对称度	▤ 0.04 A	6 分	超差不得分	
11	$2 \times \phi 10H7$	$\phi 10H7$（2 处）	4 分	超差不得分	
12	工艺孔	$\phi 3$mm（4 处）	6 分	超差不得分	
13	孔距尺寸	(36 ± 0.08)mm（1 处）	3 分	超差不得分	
14	表面粗糙度	$Ra1.6\mu$m（16 处）	8 分	超差不得分	
15	配合间隙	≤ 0.04mm（10 处）	20 分	超差不得分	
16	外形尺寸	(80 ± 0.04)mm（1 处）	2 分	超差不得分	
安全及文明生产	1. 按国家颁发的有关法规或行业（企业）的规定 2. 按行业（企业）自定的有关规定			扣分不超过 10 分	
工作时间	300min			根据超工时定额情况扣分	

评分人：　　　审核人：　　　得分：　　　日期：

【工、量具清单】

凸台燕尾制作工、量具清单

序号	类别	名称	规格/mm	精度（分度值）/mm	数量
1	量具	外径千分尺	$0 \sim 25$、$25 \sim 50$、$50 \sim 75$	0.01	各 1
2		深度千分尺	$0 \sim 25$、$25 \sim 50$	0.01	各 1
3		内径千分尺	$0 \sim 25$	0.01	1
4		游标卡尺	自定	0.02	1
5		钢直尺			1
6		游标高度卡尺	$0 \sim 300$	0.02	1
7		游标万能角度尺	$0° \sim 320°$	2′	1
8		刀口形直尺	自定	0 级	1
9		塞尺	$0.02 \sim 1$		1
10		塞规	$\phi 10H7$		1

（续）

序号	类别	名称	规格/mm	精度（分度值）/mm	数量
11	量具	V形铁	自定	0级	1
12		百分表	0～10	0.01	1
13		杠杆百分表	0～0.8	0.01	1
14		磁性表座			1
15	刃具	扁锉	12in 粗齿、中齿		若干
16			10in 粗齿、中齿		若干
17			8in 粗齿、中齿、细齿		若干
18			6in 中齿、细齿、油光锉		若干
19		三角锉	8in 粗齿、中齿、细齿		若干
20			6in 中齿、细齿、油光锉		若干
21		方锉	10in 粗齿、中齿		若干
22			8in 中齿、细齿		若干
23			6in 中齿、细齿、油光锉		若干
24		整形锉	自定		若干
25		中心钻	A3		若干
26		麻花钻	$\phi3$、$\phi7.5$、$\phi9.8$		若干
27			其他自定		若干
28		铰刀	$\phi10H7$		若干
29	工具	錾子	自定		1
30		锤子	自定		1
31		样冲	自定		1
32		锯弓	自定		1
33		锯条	自定		1
34		划针	自定		1
35		划规	自定		1
36		方箱	自定		1
37		红丹粉	自定		若干
38		蓝油	自定		若干
39		切削液	自定		若干
40		铰杠	自定		1
41		钢丝刷	自定		1
42		铜棒	自定		1
43		钳口护铁	自定		1 副
44		垫铁	自定		自定
45	其他	计算器	具有三角函数功能		1

10.4 花键组合体制作

【实训图样】

1）装配图样如图 10-16 所示。

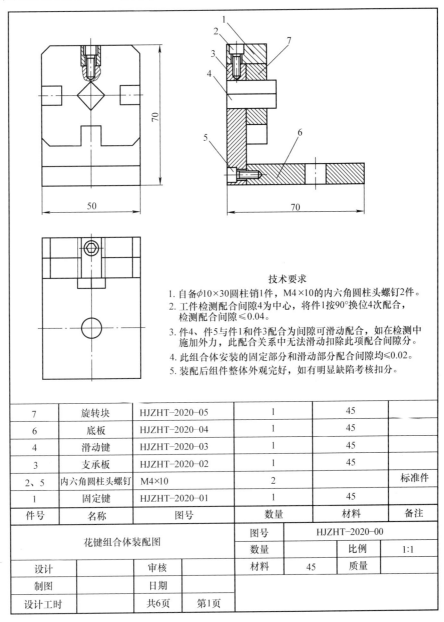

技术要求

1. 自备 φ10×30 圆柱销1件，M4×10 的内六角圆柱头螺钉2件。
2. 工件检测配合间隙4为中心，将件1按90°换位4次配合，检测配合间隙≤0.04。
3. 件4、件5与件1和件3配合为间隙可滑动配合，如在检测中施加外力，此配合关系中无法滑动扣除此项配合间隙分。
4. 此组合体安装的固定部分和滑动部分配合间隙均≤0.02。
5. 装配后组件整体外观完好，如有明显缺陷考核扣分。

7	旋转块	HJZHT-2020-05	1	45	
6	底板	HJZHT-2020-04	1	45	
4	滑动键	HJZHT-2020-03	1	45	
3	支承板	HJZHT-2020-02	1	45	
2、5	内六角圆柱头螺钉	M4×10	2		标准件
1	固定键	HJZHT-2020-01	1	45	
件号	名称	图号	数量	材料	备注

花键组合体装配图			图号		HJZHT-2020-00	
			数量		比例	1:1
设计		审核		材料	45	质量	
制图		日期				
设计工时		共6页	第1页			

图 10-16　花键组合体

2）固定键图样如图 10-17 所示。

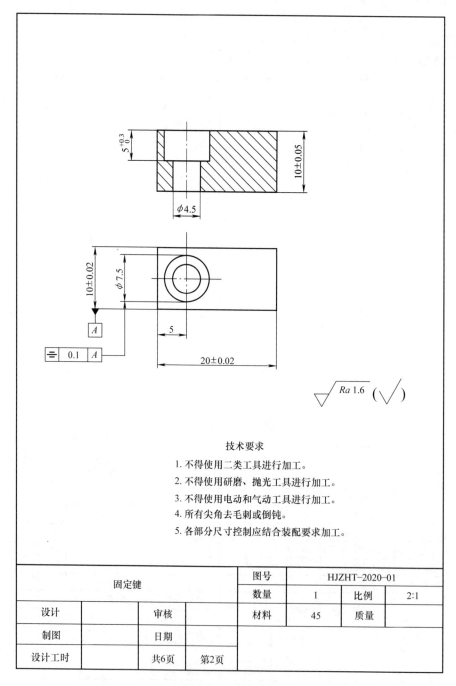

技术要求

1. 不得使用二类工具进行加工。
2. 不得使用研磨、抛光工具进行加工。
3. 不得使用电动和气动工具进行加工。
4. 所有尖角去毛刺或倒钝。
5. 各部分尺寸控制应结合装配要求加工。

固定键			图号	HJZHT-2020-01	
			数量	1	比例	2:1
设计		审核		材料	45	质量	
制图		日期					
设计工时		共6页	第2页				

图 10-17　固定键

3）支承板图样如图 10-18 所示。

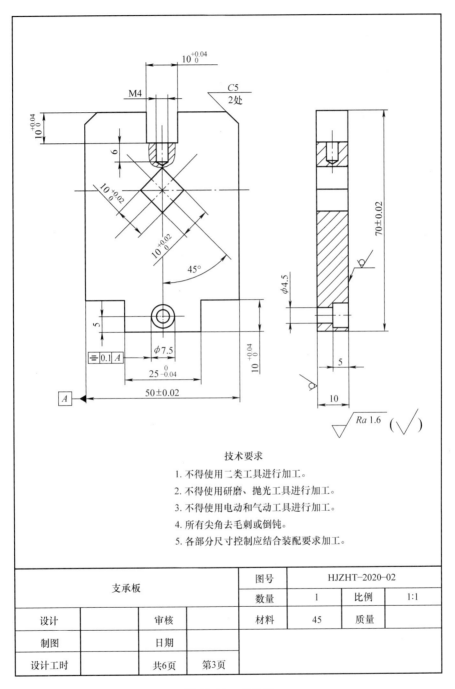

技术要求

1. 不得使用二类工具进行加工。
2. 不得使用研磨、抛光工具进行加工。
3. 不得使用电动和气动工具进行加工。
4. 所有尖角去毛刺或倒钝。
5. 各部分尺寸控制应结合装配要求加工。

支承板			图号	HJZHT-2020-02		
			数量	1	比例	1:1
设计		审核		材料	45	质量	
制图		日期					
设计工时		共6页	第3页				

图 10-18　支承板

4）滑动键图样如图 10-19 所示。

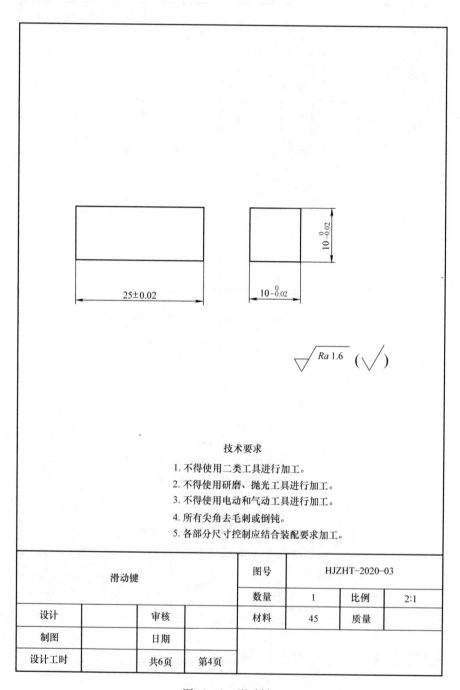

图 10-19 滑动键

5）底板图样如图 10-20 所示。

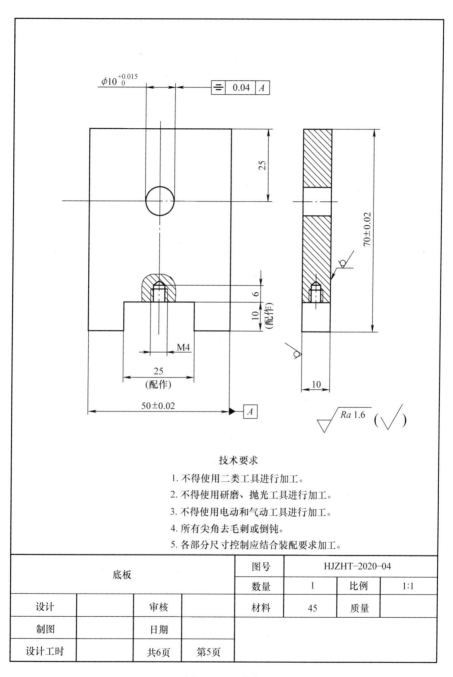

技术要求
1. 不得使用二类工具进行加工。
2. 不得使用研磨、抛光工具进行加工。
3. 不得使用电动和气动工具进行加工。
4. 所有尖角去毛刺或倒钝。
5. 各部分尺寸控制应结合装配要求加工。

底板			图号	HJZHT-2020-04	
			数量	1	比例	1:1
设计		审核		材料	45	质量	
制图		日期				
设计工时		共6页	第5页			

图 10-20 底板

6) 旋转块图样如图 10-21 所示。

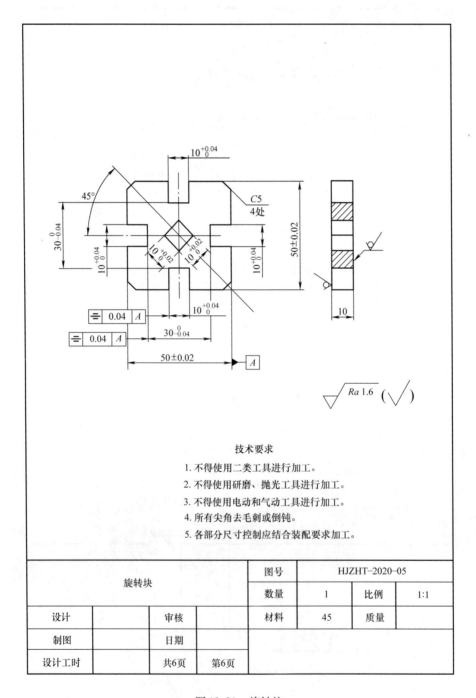

技术要求

1. 不得使用二类工具进行加工。

2. 不得使用研磨、抛光工具进行加工。

3. 不得使用电动和气动工具进行加工。

4. 所有尖角去毛刺或倒钝。

5. 各部分尺寸控制应结合装配要求加工。

旋转块			图号	HJZHT-2020-05	
			数量	1	比例	1:1
设计		审核		材料	45	质量	
制图		日期					
设计工时		共6页	第6页				

图 10-21 旋转块

【评分标准】

花键组合体制作评分标准

序号	工件名称	考核内容	考核要求	配分	评分标准	得分
1	固定键	尺寸精度	(20 ± 0.02) mm（1 处）	1 分	超差不得分	
2			(10 ± 0.02) mm（1 处）	1 分	超差不得分	
3			(10 ± 0.05) mm（1 处）	1 分	超差不得分	
4			$5^{+0.3}_{0}$ mm（1 处）	1 分	超差不得分	
5			$\phi 4.5$ mm（1 处）	1 分	超差不得分	
6			$\phi 7.5$ mm（1 处）	1 分	超差不得分	
7			5 mm（1 处）	1 分	超差不得分	
8		对称度	$\overline{=}$ | 0.1 | *A* |（1 处）	1 分	超差不得分	
9		表面粗糙度	$Ra1.6\mu m$（6 处）	1.8 分	超差不得分	
10	支承板	尺寸精度	(50 ± 0.02) mm（1 处）	1 分	超差不得分	
11			(70 ± 0.02) mm（1 处）	1 分	超差不得分	
12			$25^{0}_{-0.04}$ mm（1 处）	1 分	超差不得分	
13			$10^{+0.04}_{0}$ mm（3 处）	3 分	超差不得分	
14			$10^{+0.02}_{0}$ mm（2 处）	2 分	超差不得分	
15			$M4 \times 6$（1 处）	1 分	超差不得分	
16			5 mm（2 处）	1 分	超差不得分	
17			$\phi 7.5$ mm（1 处）	1 分	超差不得分	
18			$\phi 4.5$ mm（1 处）	1 分	超差不得分	
19			$C5$ mm（4 处）	2 分	超差不得分	
20			$45°$（1 处）	1 分	超差不得分	
21		对称度	$\overline{=}$ | 0.1 | *A* |（1 处）	1 分	超差不得分	
22		表面粗糙度	$Ra1.6\mu m$（14 处）	4.2 分	超差不得分	
23	滑动键	尺寸精度	$10^{0}_{-0.02}$ mm（2 处）	2 分	超差不得分	
24			(25 ± 0.02) mm（1 处）	1 分	超差不得分	
25		表面粗糙度	$Ra1.6\mu m$（6 处）	1.8 分	超差不得分	
26	底板	尺寸精度	(50 ± 0.02) mm（1 处）	1 分	超差不得分	
27			(70 ± 0.02) mm（1 处）	1 分	超差不得分	
28			$\phi 10^{+0.015}_{0}$ mm（1 处）	1 分	超差不得分	
29			25 mm（2 处）	1 分	超差不得分	
30			10 mm（1 处）	1 分	超差不得分	
31			$M4 \times 6$（1 处）	1 分	超差不得分	
32		对称度	$\overline{=}$ | 0.04 | *A* |（2 处）	1 分	超差不得分	
33		表面粗糙度	$Ra1.6\mu m$（7 处）	2.1 分	超差不得分	

（续）

序号	工件名称	考核内容	考核要求	配分	评分标准	得分
34	旋转块	尺寸精度	(50 ± 0.02) mm（2处）	2分	超差不得分	
35			$30_{-0.04}^{0}$ mm（2处）	2分	超差不得分	
36			$10_{0}^{+0.04}$ mm（4处）	4分	超差不得分	
37			$10_{0}^{+0.02}$ mm（2处）	2分	超差不得分	
38			45°（1处）	1分	超差不得分	
39			$C5$mm（4处）	2分	超差不得分	
40		对称度	⟻ | 0.04 | A （4处）	2分	超差不得分	
41		表面粗糙度	$Ra1.6\mu m$（16处）	4.8分	超差不得分	
42	装配	滑动键与旋转块配合间隙	≤0.04mm（旋转4处）	4分	超差不得分	
43		换位量	≤0.06mm（4处）	4分	超差不得分	
44		滑动键与支承板配合间隙	≤0.04mm（旋转4处）	4分	超差不得分	
45		换位量	≤0.06mm（4处）	4分	超差不得分	
46		底板与支承板块配合间隙	≤0.04mm（翻转6处）	6分	超差不得分	
47		固定键与支承板块配合间隙	≤0.04mm（3处）	3分	超差不得分	
48		固定键与旋转块配合间隙	≤0.04mm（旋转4处）	4分	超差不得分	
49		旋转块与支承板的贴合程度	≤0.10mm（1处）	1.3分	超差不得分	
50		装配尺寸精度	70mm（2处）	2分	超差不得分	
51			50mm（2处）	2分	超差不得分	
52		螺栓连接	M4（2处）	2分	超差不得分	
安全及文明生产		1. 按国家颁发的有关法规或行业（企业）的规定 2. 按行业（企业）自定的有关规定			扣分不超过10分	
工作时间			600min		根据超工时定额情况扣分	

评分人：　　　审核人：　　　得分：　　　日期：

【工、量具清单】

花键组合体制作工、量具清单

序号	类别	名称	规格/mm	精度（分度值）/mm	数量
1	量具	外径千分尺	0~25、25~50、50~75	0.01	各1
2		深度千分尺	0~25、25~50	0.01	各1
3		内径千分尺	0~25	0.01	1
4		游标卡尺	自定	0.02	1
5		钢直尺			1
6		游标高度卡尺	0~300	0.02	1
7		游标万能角度尺	0°~320°	2′	1
8		刀口形直尺	自定	0级	1
9		塞尺	0.02~1		
10		塞规	ϕ10H7		1
11		V形铁	自定	0级	1
12		百分表	0~10	0.01	1
13		杠杆百分表	0~0.8	0.01	1
14		磁性表座			1
15	刃具	扁锉	12in 粗齿、中齿		若干
16			10in 粗齿、中齿		若干
17			8in 粗齿、中齿、细齿		若干
18			6in 中齿、细齿、油光锉		若干
19		三角锉	8in 粗齿、中齿、细齿		若干
20			6in 中齿、细齿、油光锉		若干
21		方锉	10in 粗齿、中齿		若干
22			8in 中齿、细齿		若干
23			6in 中齿、细齿、油光锉		若干
24		整形锉	自定		若干
25		中心钻	A3		若干
26		麻花钻	ϕ3、ϕ3.4、ϕ4.5、ϕ7.5、ϕ9.8		若干
27			其他自定		若干
28		丝锥	M4		若干
29		铰刀	ϕ10H7		若干
30		錾子	自定		1
31	工具	锤子	自定		1
32		样冲	自定		1
33		锯弓	自定		1
34		锯条	自定		1

（续）

序号	类别	名称	规格/mm	精度（分度值）/mm	数量
35	工具	划针	自定		1
36		划规	自定		1
37		方箱	自定		1
38		红丹粉	自定		若干
39		蓝油	自定		若干
40		切削液	自定		若干
41		铰杠	自定		1
42		钢丝刷	自定		1
43		铜棒	自定		1
44		钳口护铁	自定		1 副
45		扳手	12in		1
46		垫铁	自定		自定
47		内六角扳手	M4 内六角扳手		1
48	标准件	内六角螺栓	M4 × 10		1
49		圆柱销	$\phi 10g6 \times 10$		1
50	其他	计算器	具有三角函数功能		1

附　　录

附录 A　中级钳工理论知识试题（一）

一、单项选择题

1. 硫酸铜涂料是用硫酸铜加水和少量（　　）混合而成的。
A. 盐酸　　　　　　B. 硝酸　　　　　　C. 硫酸　　　　　　D. 磷酸

2. 当直线或平面平行于投影面时，其正投影具有（　　）。
A. 真实性　　　　　B. 积聚性　　　　　C. 收缩性　　　　　D. 相似性

3. 铆接按使用要求不同，可分为活动铆接和（　　）。
A. 强固铆接　　　　B. 紧密铆接　　　　C. 强密铆接　　　　D. 固定铆接

4. 电动机靠（　　）部分输出机械转矩。
A. 转子　　　　　　B. 定子　　　　　　C. 接线盒　　　　　D. 风扇

5. 麻花钻的两主切削刃在其平行平面上的投影之间的夹角叫作（　　）。
A. 前角　　　　　　B. 顶角　　　　　　C. 后角　　　　　　D. 横刃斜角

6. 装配工艺规程规定产品及部件的装配顺序、装配方法、（　　）和检验方法及装配所需设备工具时间定额等。
A. 装配场地　　　　B. 装配技术要求　　C. 装配图样　　　　D. 材料要求

7. 常用的装配方法有完全互换装配法、（　　）、修配装配法、调整装配法。
A. 选择装配法　　　B. 直接装配法　　　C. 分组装配法　　　D. 集中装配法

8. 采用一端双向固定方式固定轴承，其右端轴承双向轴向固定，左端轴承可随轴（　　）。
A. 径向移动　　　　B. 径向转动　　　　C. 轴向移动　　　　D. 轴向转动

9. 决定某种定位方法属于几点定位，主要根据（　　）。
A. 有几个支承点与工件接触　　　　B. 工件被消除了几个自由度
C. 工件需要消除几个自由度　　　　D. 夹具采用了几个定位元件

10. 带传动是依靠传动带与带轮之间的（　　）来传动的。
A. 作用力　　　　　B. 张紧力　　　　　C. 摩擦力　　　　　D. 弹力

11. （　　）由于螺距小，螺旋升角小，自锁性强，可作为调整机构。
A. 粗牙螺纹　　　　B. 细牙螺纹　　　　C. 寸制螺纹　　　　D. 管螺纹

12. 方锉的尺寸规格以（　　）表示。
A. 长度尺寸　　　　B. 方形尺寸　　　　C. 对角尺寸　　　　D. 锉齿粗细

13. 生产准备是指生产的（　　）准备工作。
A. 技术　　　　　　B. 物质　　　　　　C. 物质、技术　　　D. 人员

14. 按（   ）弦长等分圆周，将产生更多的积累误差。

A. 同一   B. 不同   C. 不同或相同   D. 不等同

15. 设备中轴承部位的温度国家规范为：滑动轴承不得超过（   ），滚动轴承不得超过 20℃ 。

A. 40℃   B. 60℃   C. 70℃   D. 100℃

16. 内螺纹的大径应画（   ）。

A. 粗实线   B. 细实线   C. 虚线   D. 点画线

17. 圆板牙的前角数值沿切削刃从小径到大径（   ）。

A. 没变化   B. 由小变大   C．由大变小   D. 由小变大再变小

18. 当两基本几何体表面彼此相交时，相交处（   ）。

A. 不画线   B. 一定有交线   C. 一定有直线   D. 一定有曲线

19. 将零件和部件结合成一台完整机器的过程，称为（   ）。

A. 装配   B. 总装配   C. 部件装配   D. 组件装配

20. 有机黏合剂可以在室温下（   ）。

A. 液化   B. 汽化   C. 固化   D. 熔化

21. 扩孔的加工质量比钻孔高，常作为孔的（   ）加工。

A. 精   B. 半精   C. 粗   D. 一般

22. 按规定的技术要求将若干零件结合成（   ）或将若干零件和部件结合成机器的过程称为装配。

A. 部件   B. 组件   C. 一级组件   D. 机器

23. 细牙普通螺纹外径为 16mm 螺距为 1mm ，用代号表示为（   ）。

A. M16   B. M16 – 1   C. M16 × 1   D. M16/1

24. 对于重要的松键连接，装配前应检查键的直线度和键槽对轴线的对称度及（   ）等。

A. 垂直度   B. 平行度   C. 倾斜度   D. 同轴度

25. 变压器是传递（   ）的电气设备。

A. 电压   B. 电流   C. 电压、电流和阻抗 D. 电能

26. 研磨外圆柱面采用（   ）。

A. 研磨环   B. 研磨棒

C. 带有锥度的研磨环   D. 带有锥度的研磨棒

27. 砂轮机应安放在厂房的（   ）地方。

A. 光线充足   B. 边缘   C. 靠近钳台   D. 中间

28. 人工呼吸法适用于（   ）的触电者。

A. 有心跳无呼吸   B. 无心跳无呼吸   C. 无心跳有呼吸   D. 大脑未死

29. 用标准麻花钻改制标准群钻时，需在（   ）上对称地磨出月牙槽，形成凹形圆弧刃。

A. 前面   B. 后面   C. 副后面   D. 切削平面

30. 按（   ）将若干零件结合成部件或将若干零件和部件结合成机器的过程称为装配。

A. 要求　　　　　B. 规定的技术要求　C. 时间　　　　　D. 用户

31. 粗齿锯条适用于锯削软材料或（　　）的切面。

A. 较小　　　　　B. 很小　　　　　C. 很大　　　　　D. 较大

32. 麻花钻由柄部、空刀和（　　）组成。

A. 切削部分　　　B. 校准部分　　　C. 工作部分　　　D. 排屑部分

33. （　　）是企业生产管理的依据。

A. 生产计划　　　B. 生产作业计划　C. 班组管理　　　D. 生产组织

34. 只有试运转正常以后，机械设备才能按（　　）投入正常生产。

A. 计划　　　　　B. 设计要求　　　C. 规定　　　　　D. 检查

35. 刮削具有切削量小、切削力小、装夹变形（　　）等特点。

A. 小　　　　　　B. 大　　　　　　C. 适中　　　　　D. 或大或小

36. 45 钢按含碳量分属于（　　）。

A. 低碳钢　　　　B. 中碳钢　　　　C. 高碳钢　　　　D. 合金钢

37. 平面精刮刀的楔角一般为（　　）。

A. 90°～92.5°　　B. 95°左右　　　C. 97.5°左右　　D. 85°～90°

38. 在试运行时，如果设备中有故障，（　　）有错误或操作不正确，都会使设备受到损坏。

A. 安装调整　　　B. 装配工作　　　C. 检查　　　　　D. 修整

39. （　　）是钢在连续冷却时得到的组织。

A. 铁素体　　　　B. 珠光体　　　　C. 贝氏体　　　　D. 马氏体

40. 通过对（　　）的对应分析是可弄清装配体的表达方法。

A. 一组图形　　　B. 必要的尺寸　　C. 必要的技术要求　D. 明细表和标题栏

41. 传递功率和（　　）范围大是齿轮传动特点之一。

A. 空间　　　　　B. 速度　　　　　C. 精度　　　　　D. 传动比

42. 一般工件材料的硬度越高（　　）。

A. 塑性越大　　　B. 强度越高　　　C. 韧性越好　　　D. 越耐磨

43. 具有铆接压力大，动作快，适应性好，无噪声的先进铆接方法是（　　）。

A. 液压铆　　　　B. 风枪铆　　　　C. 手工铆　　　　D. 强密铆

44. 为保证机床操作者的安全，机床照明灯的电压应选（　　）。

A. 380V　　　　　B. 220V　　　　　C. 110V　　　　　D. 36V 以下

45. 常用的钻孔设备及工具有（　　）。

A. 立钻、摇臂钻、手电钻　　　　　　B. 立钻、摇臂钻、台钻
C. 立钻、摇臂钻、手电钻、台钻　　　D. 立钻、台钻、手电钻

46. 常用研具材料有球墨铸铁，软钢和铜，另外可选择（　　）。

A. 铸钢　　　　　B. 白口铸铁　　　C. 可锻铸铁　　　D. 灰铸铁

47. 剖分式滑动轴承的装配工艺要点是轴瓦与轴承座、盖的装配和轴瓦孔的（　　）。

A. 显点　　　　　B. 涂色　　　　　C. 配刮　　　　　D. 清洗

48. 螺旋传动把主动件的回转运动转变为从动件的（　　）运动。

A. 转动　　　　　B. 摆动　　　　　C. 直线往复　　　D. 螺旋

49. 调和显示剂时，精刮应调得（　　）。

　　A. 干些　　　　　　B. 稀些　　　　　　C. 湿些　　　　　　D. 不干不湿

50. 变换立式钻床的主轴转速或自动进给，须待（　　）进行。

　　A. 空车时　　　　　B. 钻孔时　　　　　C. 起动后　　　　　D. 停机后

51. 刮削精度检查，一般用（　　）检查。

　　A. 方框　　　　　　B. 刀口形直尺　　　C. 游标卡尺　　　　D. 直角尺

52. T10A 钢锯片淬火后应进行（　　）。

　　A. 高温回火　　　　B. 中温回火　　　　C. 低温回火　　　　D. 球化退火

53. 錾削是用锤子敲击（　　）对工件进行切削加工的一种方法。

　　A. 工件　　　　　　B. 材料　　　　　　C. 錾子　　　　　　D. 刀具

54. 制造麻花钻头应选用（　　）材料。

　　A. T10　　　　　　B. W18Cr4V　　　　C. 5CrMnMo　　　　D. 4Cr9Si2

55. 测高和划线是（　　）的用途。

　　A. 游标卡尺　　　　B. 游标高度卡尺　　C. 千分尺　　　　　D. 钢直尺

56. 扁錾的切削部分扁平，切削刃较（　　）并略带圆弧。

　　A. 宽　　　　　　　B. 窄　　　　　　　C. 小　　　　　　　D. 短

57. 根据零件的使用要求来确定拧紧力矩或（　　）。

　　A. 预紧力　　　　　B. 摩擦力　　　　　C. 摩擦力矩　　　　D. 螺钉材质

58. 钢件的圆杆直径为 ϕ15.7mm，可套（　　）的螺纹。

　　A. M15　　　　　　B. M14　　　　　　C. M18　　　　　　D. M16

59. CA6140 代号中 C 表示（　　）类。

　　A. 车床　　　　　　B. 钻床　　　　　　C. 磨床　　　　　　D. 刨床

60. 当用游标卡尺测量孔径时，若量爪测量线不通过孔心，则卡尺读数值比实际尺寸（　　）。

　　A. 大　　　　　　　B. 小　　　　　　　C. 相等　　　　　　D. 不一定

61. （　　）适宜于加工小型平面、沟槽零件。

　　A. 龙门刨床　　　　B. 牛头刨床　　　　C. 插床　　　　　　D. 车床

62. 电磁抱闸是电动机的（　　）方式。

　　A. 机械制动　　　　B. 电力制动　　　　C. 反接制动　　　　D. 能耗制动

63. 按规定的技术要求，将若干零件结合成部件或若干零件和部件结合成机器的过程称为（　　）。

　　A. 装配　　　　　　B. 组件装配　　　　C. 部件装配　　　　D. 总装配

64. 单动卡盘是（　　）夹具。

　　A. 通用　　　　　　B. 专用　　　　　　C. 车床　　　　　　D. 机床

65. 一个投影为直线，另两投影为类似形的空间平面是（　　）。

　　A. 投影面平行面　　B. 投影面垂直面　　C. 一般位置面　　　D. 水平面

66. 当带传动机构装配时，两带轮中间平面应（　　），其倾斜角和轴向偏移量不应过大。

　　A. 倾斜　　　　　　B. 重合　　　　　　C. 相平行　　　　　D. 互相垂直

67. P 类硬质合金是指（　　　）类。

A. 钨钴钛铌　　　　B. 钨钴钛钽　　　　C. 钨钴　　　　D. 钨钴钛

68. 直径在 φ8mm 以下的钢铆钉在铆接时一般情况下用（　　　）。

A. 热铆　　　　B. 冷铆　　　　C. 混合铆　　　　D. 液压铆

69. 划线平板材料应选择（　　　）。

A. 低碳钢　　　　B. 中碳钢　　　　C. 合金钢　　　　D. 铸铁

70. 剪板机是剪割（　　　）的专用设备。

A. 棒料　　　　B. 块状料　　　　C. 板料　　　　D. 软材料

71. 矫正主要用于（　　　）好的材料。

A. 塑性　　　　B. 弹性　　　　C. 韧性　　　　D. 强度

72. 后角是车刀后面与（　　　）之间的夹角。

A. 加工表面　　　　B. 切削平面　　　　C. 基面　　　　D. 截面

73. Z525 型钻床表示（　　　）。

A. 立钻　　　　B. 台钻　　　　C. 摇臂钻　　　　D. 电钻

74. 圆柱销在装配时，对销孔尺寸、（　　　）、表面粗糙度要求较高，所以销孔在装配前必须铰削。

A. 形状　　　　B. 圆度　　　　C. 同轴度　　　　D. 垂直度

75. 当圆柱面过盈连接用压力机压入时，压力范围为 1～107 N，配以夹具可提高导向性，多用于（　　　）。

A. 单件生产　　　　B. 单件小批量生产　　　　C. 成批量生产　　　　D. 大量生产

76. 在钢件和铸铁件上加工同样直径的内螺纹时，其底孔直径（　　　）。

A. 同样大　　　　B. 钢件比铸件稍大　　　　C. 铸件比钢件稍大　　　　D. 相差两个螺矩

77. 弯曲法用来矫正（　　　）或在宽度方向上弯曲的条料。

A. 扭曲的板料　　　　B. 弯曲的棒料　　　　C. 弯曲的板料　　　　D. 扭曲的条料

78. 用台虎钳夹紧工件时，只允许（　　　）扳手柄。

A. 用锤子敲击　　　　B. 用手　　　　C. 套上长管子　　　　D. 两人同时

79. 假想用剖切平面将机件的某处（　　　）仅画出断面图形称为剖面图。

A. 切开　　　　B. 剖切　　　　C. 切断　　　　D. 分离

80. S70×10 表示外径为 70mm，螺距为 10mm 的（　　　）螺纹。

A. 三角形　　　　B. 梯形　　　　C. 矩形　　　　D. 锯齿形

二、判断题

81. 润滑剂具有润滑、冷却、防锈、洗涤、密封、缓冲和吸振作用。　　　　（　　　）

82. 手拉葫芦超重时，不能探身于重物下进行垫板及装卸作业。　　　　（　　　）

83. 钳工工作台上使用的照明电压，不得超过 36V。　　　　（　　　）

84. 直接对劳动对象进行加工，把劳动对象变成产品的过程叫基本生产过程。　　　　（　　　）

85. 黏合剂分有机黏合剂和无机黏合剂两种。　　　　（　　　）

86. 企业的生产能力通常是用最终产品的实物量来反映的。　　　　（　　　）

87. 设备安装完毕后，并非每台机械设备都应进行试运行。　　　　（　　　）

88. 蜗杆传动机构装配后的齿侧间隙也可用压铅丝法或用塞尺检查。　　(　)

89. 国家标准规定，滚动轴承代号由前、中、后三段组成。　　　　　(　)

90. 磨削加工的实质可看成是具有无数个刀齿的铣刀的超高速切削加工。(　)

91. 将零件和部件结合成一台完整机器的过程称为装配。　　　　　　(　)

92. 当圆锥销装配时，两连接件销孔应一起钻、铰。　　　　　　　　(　)

93. 只把铆钉的铆合头端部加热进行的铆接是混合铆。　　　　　　　(　)

94. 铣削加工时铣刀旋转是进给运动。　　　　　　　　　　　　　　(　)

95. 试运行工作是要使设备全面、全速地开动，是一项细致而复杂的工作。(　)

96. 将工件加热后进行的矫正叫热矫正。　　　　　　　　　　　　　(　)

97. 在螺纹装配中，通过控制螺母拧紧时应转过的角度来控制预紧力的方法为控制转矩法。　　　　　　　　　　　　　　　　　　　　　　　　　(　)

98. 读零件图的一般步骤是：一看标题栏，二看视图，三看尺寸，四看技术要求。(　)

99. 125mm 台虎钳，表示钳口宽度为 125mm。　　　　　　　　　　(　)

100. 丝锥由切削部分和校准部分组成。　　　　　　　　　　　　　(　)

中级钳工理论知识试题（一）参考答案

1. C　2. A　3. D　4. A　5. B　6. B　7. A　8. C　9. B　10. C　11. B　12. B
13. C　14. A　15. B　16. B　17. C　18. B　19. B　20. C　21. A　22. A　23. C　24. B
25. D　26. A　27. B　28. C　29. B　30. B　31. A　32. C　33. A　34. B　35. A　36. B
37. C　38. B　39. C　40. A　41. B　42. C　43. A　44. D　45. C　46. D　47. C　48. C
49. A　50. D　51. C　52. C　53. C　54. B　55. B　56. A　57. B　58. C　59. A　60. B
61. B　62. C　63. A　64. C　65. B　66. C　67. B　68. B　69. D　70. C　71. A　72. B
73. A　74. A　75. C　76. B　77. B　78. B　79. C　80. D　81. √　82. √　83. √　84. √
85. √　86. √　87. ×　88. ×　89. √　90. √　91. ×　92. √　93. √　94. ×　95. √　96. √
97. ×　98. √　99. √　100. ×

附录 B　中级钳工理论知识试题（二）

一、单项选择题

1. 可以测量反射镜对光轴垂直方位的微小偏转的量仪叫（　　）。
A. 自准直光学量仪　B. 合像水平仪　　C. 光学平直仪　　　D. 经纬仪

2. 缩短机动时间的措施是（　　）。
A. 提高切削用量　　B. 采用先进夹具　C. 采用定程装置　　D. 采用快换刀具装置

3. 在铣削时，铣刀的旋转是（　　）运动。
A. 主运动　　　　　B. 进给运动　　　C. 辅助运动　　　　D. 相对运动

4. 滚动轴承上标有代号的端面应装在（　　）部位，以便更换。

A. 可见 B. 内侧 C. 外侧 D. 轴肩

5. 过盈连接的配合表面的表面粗糙度值一般要求达到（　　）μm。

A. $Ra0.8$ B. $Ra1.6$ C. $Ra3.2$ D. $Ra6.3$

6. 允许零件尺寸的变动量称为（　　）。

A. 尺寸公差 B. 加工公差 C. 系统公差 D. 极限偏差

7. 因为光学直角头的两反射面夹角为（　　），所以入射光与出射光夹角恒为90°。

A. 45° B. 90° C. 120° D. 180°

8. 显示剂稀稠应适当，粗刮时显示剂应调得（　　）些。

A. 稀 B. 稠 C. 厚 D. 薄

9. 提高刀具系统抗振性的措施是（　　）。

A. 提高顶尖孔质量 B. 减小惯性力

C. 提高刀具刃磨质量 D. 采取隔振

10. 孔径加工实际尺寸与设计理想尺寸符合程度属于加工精度中（　　）。

A. 尺寸精度 B. 几何形状 C. 相对位置 D. 平行

11. 合像水平仪或自准直仪的光学量仪测量的各段示值读数反映各分段倾斜误差，不能直接反映被测表面的（　　）误差。

A. 直线度 B. 平行度 C. 倾斜度 D. 垂直度

12. 轴瓦与轴承座盖的装配，厚壁轴瓦以（　　）为基准修刮轴瓦背部。

A. 心轴 B. 座孔 C. 与其相配的轴 D. 检验棒

13. 当双头螺柱与机体连接时，其轴心线必须与机体表面垂直，可用（　　）检查。

A. 直角尺 B. 百分表 C. 游标卡尺 D. 量块

14. 过盈连接结构简单、（　　）、承载能力强，能承受载荷冲击力。

A. 同轴度高 B. 同轴度低 C. 对中性差 D. 对称度差

15. 当磨削导热性差的材料及薄壁工件时，应选（　　）砂轮。

A. 软 B. 硬 C. 粗粒度 D. 细粒度

16. 一般将计算机的计算器、存储器和（　　）三者统称为主机。

A. 输入设备 B. 输出设备 C. 控制器 D. 总线

17. 特大型零件划线一般只须经过一次吊装，找正即完成零件的全部划线采用（　　）。

A. 零件移位法 B. 平台接出法 C. 平尺调整法 D. 拉线与吊线法

18. 退火、正火可改善铸件的切削性能，一般安排在（　　）之后进行。

A. 毛坯制造 B. 粗加工 C. 半加工 D. 精加工

19. 在压装齿轮时要尽量避免齿轮偏心歪斜和端面未贴紧轴肩等（　　）误差。

A. 尺寸 B. 形状 C. 位置 D. 安装

20. 螺纹旋合长度分为三组，其中短旋合长度的代号是（　　）。

A. L B. N C. S D. H

21. 实现工艺过程中（　　）所消耗的时间属于辅助时间。

A. 准备刀具 B. 测量工件 C. 切削 D. 清理切屑

22. 在四杆机构中，不与固定机架相连能在平面内做复杂运动的机件是（　　）。

A. 曲柄 B. 摆杆 C. 机架 D. 连杆

23. 影响蜗杆副啮合精度以（　　　）为最大。

A. 蜗轮轴线倾斜   B. 蜗轮轴线对称，蜗轮中心面偏移

C. 中心距   D. 箱体

24. 腐蚀设备容易污染环境的加工方法是（　　　）。

A. 电火花加工   B. 激光加工   C. 超声加工   D. 电解加工

25. 过盈连接装配方法对要求较低、配合长度较短的过渡配合采用（　　　）压入法。

A. 冲击   B. 压力机   C. 干冰冷轴   D. 中击

26. 电动机在额定运行时的交流电源的频率称为（　　　）。

A. 额定功率   B. 额定电流   C. 额定频率   D. 额定转速

27. 使用液压千斤顶时调节螺杆不得旋出过长，主活塞行程不得超过（　　　）标志。

A. 额定高度   B. 极限高度   C. 液压高度   D. 起针高度

28. 机器运行包括试运行和（　　　）两个阶段。

A. 停机   B. 起动   C. 正常运行   D. 修理

29. 高压胶管在装配时，将胶管剥去一定长度的外胶皮层，剥离处倒角（　　　）。

A. 5°   B. 10°   C. 15°   D. 20°

30. 直接影响丝杠螺母传动准确性的是（　　　）。

A. 径向间隙   B. 同轴度   C. 径向圆跳动   D. 轴向间隙

31. 润滑性好，磨耗慢、硬度适中、价廉易得的研具材料是（　　　）。

A. 灰铸铁   B. 球墨铸铁   C. 铜   D. 软钢

32. 毛坯工件通过找正后划线，可使加工表面与不加工表面之间保持（　　　）。

A. 尺寸均匀   B. 形状正确   C. 位置准确   D. 尺寸不均匀

33. 影响接触精度的主要因素之一是齿形精度，装配中齿形修理方法是（　　　）。

A. 研磨   B. 刮削   C. 锉削   D. 磨削

34. 原始平板刮削采用的是（　　　）法。

A. 直角刮削法   B. 渐进法   C. 标准平板法   D. 比较法

35. 用于精基准的导向定位用（　　　）。

A. 支承钉   B. 支承板   C. 可调支承   D. 自位支承

36. 铣削加工的主运动是（　　　）。

A. 铣刀的旋转   B. 工作台的移动   C. 工作台的升降   D. 工件的移动

37. 两锥齿轮同向偏接触，原因是交角误差，调整方法是必要时（　　　）。

A. 小齿轮轴向移出   B. 小齿轮轴向移进   C. 调换零件   D. 修刮轴瓦

38. 对于同样的工件，当弯曲程度大时，工件的塑性变形量大，所需要的力（　　　）。

A. 大   B. 相同   C. 小   D. 大或小

39. 直接进入产品总装的部件称为（　　　）。

A. 零件   B. 组件   C. 分组件   D. 部件

40. 在读装配图时，要分清接触面与非接触面，非接触面用（　　　）线表示。

A. 一条   B. 二条   C. 三条   D. 四条

41. 车床主轴及轴承间的间隙过大或松动，在加工时使被加工零件发生振动而产生（　　　）误差。

A. 直线度　　　　　B. 圆度　　　　　C. 垂直度　　　　　D. 平行度

42. （　　）加工常用来作为其他孔加工方法的预加工，也可对一些要求不高的孔进行终加工。

A. 镗削　　　　　B. 铣削　　　　　C. 钻削　　　　　D. 车削

43. 对长径比较小的旋转件，通常都要进行（　　）。

A. 静平衡　　　　　B. 动平衡　　　　　C. 静不平衡　　　　　D. 动不平衡

44. 用合像水平仪按对角线法对边长为 2A 的正方形平板进行平面度检验时，测对角线所用桥板中心长度应为（　　）。

A. A　　　　　B. 2A　　　　　C. 3A　　　　　D. 4A

45. 丝杠的回转精度是指丝杠的径向圆跳动和（　　）的大小。

A. 同轴度　　　　　B. 轴的配合间隙　　　　　C. 轴向窜动　　　　　D. 径向间隙

46. 用手来操纵电路接通或断开的一种控制电器叫（　　）。

A. 熔断器　　　　　B. 断路器　　　　　C. 开关器　　　　　D. 继电器

47. 为了保障人身安全，在正常情况下，电气设备的安全电压规定为（　　）以下。

A. 24V　　　　　B. 36V　　　　　C. 220V　　　　　D. 380V

48. 夹具的六点定位原则是用适当分布的六个支承点，限制工件的（　　）个自由度。

A. 三　　　　　B. 四　　　　　C. 五　　　　　D. 六

49. 在研磨外圆柱面时，若出现与轴线小于45°的交叉网纹，说明研磨环的往复移动速度（　　）。

A. 太慢　　　　　B. 太快　　　　　C. 适中　　　　　D. 很慢

50. 编制车间的生产作业计划时，应把车间的生产任务分配到（　　）。

A. 班组，工作个人　　　　　B. 工段，班组个人
C. 工段班组，工作地　　　　　D. 工段班组，工作地个人

51. 用来控制电动机正反转的开关是（　　）。

A. 刀开关　　　　　B. 组合开关
C. 倒顺开关　　　　　D. 封闭式开关熔断器组

52. 合理选择切削液，可减小塑性变形和刀具与工件间的摩擦，使切削力（　　）。

A. 减小　　　　　B. 增大　　　　　C. 不变　　　　　D. 增大或减小

53. 金属在垂直于加压方向的平面内作径向流动，这种挤压叫（　　）。

A. 正挤压　　　　　B. 反挤压　　　　　C. 复合挤压　　　　　D. 径向挤压

54. 在开启水压机操作阀门前，必须同（　　）取得联系，缓慢开启。

A. 安全员　　　　　B. 水泵站　　　　　C. 检查员　　　　　D. 负责人

55. 汽油机的压缩比小，一般为（　　）。

A. 2~4　　　　　B. 3~6　　　　　C. 5~9　　　　　D. 6~10

56. 在通常情况下，旋转机械的振动主要是由（　　）引起的。

A. 基础差　　　　　B. 轴承间隙大　　　　　C. 转子质量不平衡　　　　　D. 轴承过紧

57. 对于盘形端面沟槽凸轮，凸轮的实际轮廓曲线由（　　）构成。

A. 内槽曲线　　　　　B. 外槽曲线　　　　　C. 过渡圆弧线　　　　　D. 过渡曲线

58. 逐点比较法进行直线插补，计算每走一步都需要（　　）工作节拍。

A. 2 个   B. 4 个   C. 6 个   D. 8 个

59. 手工精研磨一般平面速度每分钟往复（　　）次为宜。

A. 40 ~ 60   B. 80 ~ 100   C. 20 ~ 40   D. 10 ~ 20

60. 检证蜗杆箱轴线的垂直度要用（　　）。

A. 千分尺   B. 游标卡尺   C. 百分表   D. 量角器

61. 螺纹公差带的位置由（　　）确定。

A. 极限偏差   B. 公差带   C. 基本偏差   D. 公称尺寸

62. 一般（　　）加工可获得尺寸公差等级为 IT5 ~ IT6，表面粗糙度值为 $Ra0.8 ~ 0.2\mu m$。

A. 车削   B. 刨削   C. 铣削   D. 磨削

63. 依靠流体流动的能量来输送液体的泵是（　　）。

A. 容积泵   B. 叶片泵   C. 流体作用泵   D. 齿轮泵

64. 磨料的粗细用粒度表示，颗粒尺寸很小的磨粒或微粉状一般用（　　）测量。

A. 千分尺   B. 筛网   C. 测微仪   D. 显微镜

65. Y38 - 1 型滚齿机，滚切直齿圆柱齿轮的最大加工模数，钢件为（　　）。

A. 3mm   B. 4mm   C. 6mm   D. 8mm

66. 锥齿轮侧隙的检查与（　　）基本相同。

A. 锥齿轮   B. 蜗轮   C. 链传动   D. 带传动

67. 数控通过（　　）完成其复杂的自动控制功能。

A. 模拟信息   B. 数字化信息   C. 凸轮机构   D. 步进电动机

68. 在数控机床上加工零件，从分析零件图开始，一直到制作出穿孔带为止的全过程称为（　　）。

A. 程序   B. 程序编制   C. 代码   D. 工艺分析

69. 用铅丝法检验齿侧间隙，铅丝被挤压后（　　）的尺寸为侧隙。

A. 最厚处   B. 最薄处   C. 厚薄平均值   D. 厚处 1/2

70. 当指挥人员发出的信号与驾驶员意见不同时，驾驶员应发出（　　）信号。

A. 警告   B. 危险   C. 询问   D. 下降

71. 国际标准化组织（ISO）对噪声的卫生标准为每天工作 8h，共允许的连续噪声为（　　）。

A. 70dB   B. 80dB   C. 85dB   D. 90dB

72. 用分度头划线时，分度头手柄转一周，装夹在主轴上的工件转（　　）周。

A. 1   B. 20   C. 40   D. 1/40

73. 所谓（　　）是指会对人的心理和精神状态受到不利影响的声音。

A. 声压级   B. 响度级   C. 噪声   D. 频率

74. 铰铸铁零件孔加煤油冷却，会引起孔径缩小，最大收缩量为（　　）mm。

A. 0.02 ~ 0.04   B. 0.05 ~ 0.1   C. 0.002 ~ 0.004   D. 0.004 ~ 0.006

75. 双头螺柱与机体螺纹连接，其紧固端应当采用过渡配合后螺纹（　　）有一定的过盈量。

A. 中径   B. 大径   C. 小径   D. 长度

76. 电动机在规定的定额下工作时，温升过高的可能原因是（　　）。

A. 电动机超负荷运行　　　　　　　B. 电动机工作时间过长

C. 电动机通风条件差　　　　　　　D. 电动机电压过高

77. 细刮刀的楔角为（　　）。

A. 90°～92.5°　　　B. 95°　　　　C. 97.5°　　　D. 99°

78. 当环境温度大于或等于38℃时，滚动轴承温度不应超过（　　）℃。

A. 65　　　　　　B. 80　　　　　　C. 38　　　　　　D. 50

79. 对于不重要的蜗杆机构，也可以用（　　）测量的方法，根据空程量判断侧隙。

A. 转动蜗杆　　　B. 游标卡尺　　　C. 转动蜗轮　　　D. 塞尺

80. 滑动轴承主要特点是平稳，无噪声，能承受（　　）。

A. 高速度　　　　B. 大转矩　　　　C. 较大冲击载荷　　　D. 较大径向力

81. 金属材料由于受到外力的作用而产生的形状改变称为（　　）。

A. 弯曲　　　　　B. 变形　　　　　C. 受力　　　　　D. 破坏

82. 只用于硬质合金、硬铬、宝石、玛瑙和陶瓷等高硬工件的精研磨加工磨料是（　　）。

A. 氧化铝系　　　B. 碳化物系　　　C. 金刚石系　　　D. 其他类

83. 钻铸铁的钻头为了增大容屑空间，钻头后面磨去一块，即形成（　　）的第二重后角。

A. 30°　　　　　　B. 43°　　　　　C. 45°　　　　　D. 60°

84. 应用机床夹具能（　　）劳动生产率，降低加工成本。

A. 提高　　　　　　　　　　　　　B. 降低

C. 影响不大　　　　　　　　　　　D. 可能提高也可能降低

85. 金属材料在载荷作用下产生变形而不破坏，当载荷去除后，仍能使其变形保留下来的性能叫（　　）。

A. 刚度　　　　　B. 强度　　　　　C. 硬度　　　　　D. 塑性

86. 在划线时选择工件上某个点、线、面为依据，用它来确定工件各部分尺寸几何形状的（　　）。

A. 工序基准　　　B. 设计基准　　　C. 划线基准　　　D. 工步基准

87. 当花键装配时，套件在轴上固定，当过盈量较大时，可将套件加热到（　　）℃后进行装配。

A. 40～50　　　　B. 40～80　　　　C. 50～80　　　　D. 80～120

88. 以听阈为基准，用成倍比关系的对数量来表达声音的大小，称为（　　）。

A. 声压级　　　　B. 响高级　　　　C. 音频　　　　　D. 噪声

89. 测量轴承振动常用的是速度传感器或（　　）。

A. 加速度传感器　B. 频谱仪　　　　C. 计数器　　　　D. 自准值仪

90. 长450～600mm、宽25～30mm、厚3～4mm的刮刀一般用于（　　）刮削。

A. 曲面刮刀　　　B. 细刮刀　　　　C. 精刮刀　　　　D. 粗刮刀

91. 钩头楔键的钩头与套件之间（　　）。

A. 紧贴　　　　　B. 进入　　　　　C. 留有间隙　　　　D. 留有距离

92. 各外表面都经过精刨或刮削的铸铁箱体是（　　）。

A. 划线平板　　　　　　B. 方箱　　　　　　C. V形铁　　　　　　D. I字形平尺

93. 在刮削花纹时，若要刮成斜花纹，需用（　　）。

A. 粗刮刀　　　　　　　B. 细刮刀　　　　　　C. 精刮刀　　　　　　D. 三角刮刀

94. 用来将旋转运动变为直线运动的机构叫（　　）。

A. 蜗轮机构　　　　　　B. 螺旋机构　　　　　C. 带传动机构　　　　D. 链传动机构

95. 当一对标准锥齿轮传动时，必须使两齿轮的（　　）重合。

A. 齿顶圆锥　　　　　　B. 分度圆锥　　　　　C. 两锥顶　　　　　　D. 基圆圆锥

96. 蜗杆的轴线应在蜗轮轮齿的（　　）面内。

A. 上　　　　　　　　　B. 下　　　　　　　　C. 对称中心　　　　　D. 齿宽右面

97. 分度头的规格以主轴轴线至（　　）表示。

A. 顶面距离　　　　　　B. 左边宽度　　　　　C. 底面高度　　　　　D. 右边宽度

98. 金属冷挤压机的速度一般控制在（　　）。

A. 0.1~0.4m/s　　　　B. 0.3~0.8m/s　　　C. 0.5~0.9m/s　　　D. 1m/s以上

99. 冷却系统中由于冷却（　　）不同，其结构布置和所采用的装置不同。

A. 部位　　　　　　　　B. 环境　　　　　　　C. 介质　　　　　　　D. 温度

100. 齿侧间隙检验铅线直经不宜超过最小间隙的（　　）倍。

A. 2　　　　　　　　　B. 4　　　　　　　　C. 6　　　　　　　　D. 8

101. 在直齿圆柱齿轮的规定画法中，分度圆及分度线用（　　）画。

A. 细实线　　　　　　　B. 点画线　　　　　　C. 虚线　　　　　　　D. 粗实线

102. 油压机、水压机运动速度很低，产生的压力为（　　）。

A. 冲击压力　　　　　　B. 静压力　　　　　　C. 动压力　　　　　　D. 大气压力

103. 蜗杆传动常用于转速（　　）变化的场合。

A. 上升　　　　　　　　B. 急剧上升　　　　　C. 降低　　　　　　　D. 急剧降低

104. 当加工孔需要依次进行钻、铰多种工步时，一般选用（　　）钻套。

A. 固定　　　　　　　　B. 可换　　　　　　　C. 快换　　　　　　　D. 特殊

105. Y38-1型滚齿机，滚切直齿圆柱齿轮的最大加工模数，铸铁件为（　　）。

A. 4mm　　　　　　　B. 6mm　　　　　　　C. 8mm　　　　　　　D. 10mm

106. 工件设计基准与定位基准重合时，基准不重合误差等于（　　）。

A. Δd_w　　　　　　　B. Δj_b　　　　　　　C. Δd_b　　　　　　　D. 零

107. 当机床试运行时，停机后主轴有自转现象，其故障原因是（　　）。

A. 惯性力　　　　　　　B. 离合器调整过紧　　C. 主轴松　　　　　　D. 离合器松

108. 蓄电池点火系统有蓄电池、点火线圈、分电器和（　　）等部件。

A. 火花塞　　　　　　　B. 冷却器　　　　　　C. 滤清器　　　　　　D. 散热器

109. 钻床夹具一般都安装有钻套，钻套属于（　　）元件。

A. 定位元件　　　　　　B. 夹具体　　　　　　C. 夹紧装置　　　　　D. 引导元件

110. 内燃机的构造由机体组件、连杆机构、配气机构、燃料供给系统和（　　）组成。

A. 起动系统　　　　　　B. 高温机件　　　　　C. 滑块机构　　　　　D. 凸轮机构

111. 齿轮接触精度的主要指标是接触斑点，一般传动齿轮在轮齿宽度上不少于（　　）。

A. 20% ~30%　　　　　B. 40% ~70%　　　　　C. 5% ~10%　　　　　D. 10% ~20%

112. 用高级语言或符号语言编制程序，利用通用电子计算机，将原程序转换成数控机床所能接受的程度称为（　　）。

A. 程序　　　　　B. 代码　　　　　C. 手工编程　　　　　D. 自动编程

113. 缩短辅助时间可采取的工艺措施是（　　）。

A. 多件加工　　　　　　　　　　　B. 多刀加工

C. 提高切削用量　　　　　　　　　D. 基本时间与辅助时间重合

114. 单列深沟球轴承 209，其轴承孔径为（　　）mm。

A. 9　　　　　B. 18　　　　　C. 36　　　　　D. 45

115. 运转结束后，应按规定关机，进行（　　）。

A. 清理　　　　　B. 维护　　　　　C. 保养　　　　　D. 修理

116. 机器运行中应检查各（　　）的状况，应符合传动机构的技术要求。

A. 蜗轮蜗杆机构　　　B. 螺旋机构　　　C. 操作机构　　　D. 运动机构

117. 预紧是在轴承内外圈上给予一定的轴向预负荷，清除了内外圈与滚动体的游隙，产生了初始的（　　）。

A. 接触弹性变形　　　B. 塑性变形　　　C. 弯曲变形　　　D. 挤压变形

118. 使转子产生干扰力的因素最基本的就是由于不平衡而引起的（　　）。

A. 向心力　　　　　B. 离心力　　　　　C. 预紧力　　　　　D. 内应力

119. 试运行在起动过程中，当发现有严重的异常情况时，有时应采取（　　）。

A. 停机　　　　　B. 减速　　　　　C. 加速　　　　　D. 强行冲越

120. 金属再结晶温度与变形速度有关，变形速度越快，再结晶温度（　　）。

A. 越低　　　　　B. 越高　　　　　C. 不变　　　　　D. 很低

121. 读装配图分析零件，主要是了解它的（　　）和作用，弄清部件的工作原理。

A. 结构形状　　　B. 技术要求　　　C. 尺寸大小　　　D. 明细表

122. 假想将机件倾斜旋转到与某一选定的基本投影面平行后，再向该投影面投影所得视图称为（　　）视图。

A. 基本　　　　　B. 局部　　　　　C. 斜　　　　　D. 旋转

123. 钢丝绳报废标准是一个捻节距内断丝数达钢丝绳总丝数的（　　）。

A. 10%　　　　　B. 20%　　　　　C. 40%　　　　　D. 50%

124. 机械加工基本时间指的是（　　）。

A. 劳动时间　　　B. 作业时间　　　C. 机动时间　　　D. 辅助时间

125. 定位支承中，不起定位作用的支承是（　　）。

A. 可调支承　　　B. 辅助支承　　　C. 自位支承　　　D. 支承板

126. 冷挤压机一般要求滑块行程调节在（　　）以下。

A. 1mm　　　　　B. 0.1mm　　　　　C. 0.01mm　　　　　D. 0.05mm

127. 滚动轴承调整游隙的方法是将内外圈作适当的（　　）相对位移。

A. 轴向　　　　　B. 径向　　　　　C. 同向　　　　　D. 反向

128. 属于挤压加工的设备是（　　）。

A. 空气锤　　　　　B. 磨床　　　　　C. 压力机　　　　　D. 轧钢机

129. 修磨钻头顶角，磨成双重或三重顶角是为了加工（　　）。
A. 铜　　　　　B. 结构钢　　　　　C. 铸铁　　　　　D. 碳素工具钢

130. 限制工件自由度少于六点的定位叫（　　）。
A. 完全定位　　B. 不完全定位　　C. 过定位　　　　D. 欠定位

131. 控制步进电动机转动的是（　　）。
A. 输入脉冲　　B. 机械装置　　　C. 通电　　　　　D. 下指令

132. 装配图的读法，首先是看（　　），并了解部件的名称。
A. 明细表　　　B. 零件图　　　　C. 标题栏　　　　D. 技术文件

133. 装配图主要表达机器或部件中各零件的（　　）、工作原理和主要零件的结构特点。
A. 运动路线　　B. 装配关系　　　C. 技术要求　　　D. 尺寸大小

134. 试件表面粗糙度值大，原因是刀架部分有松动或接触精度差和（　　）。
A. 滑枕压板间隙大　B. 滑枕憋劲　　C. 压板过紧　　　D. 卡死

135. 调压时，要求压力平稳改变，工作正常，压力波动不超过（　　）万 Pa。
A. ±1.5　　　　B. ±2　　　　　　C. ±1　　　　　　D. ±2.5

136. 起动发电机用于（　　）和高速船用柴油机及小型汽油机。
A. 工程机构　　B. 农业机械　　　C. 机车　　　　　D. 小型船舶

137. 钢丝绳实际总安全起重量应等于每根钢丝安全起重乘钢丝绳（　　）再乘捆绑绳扣系数。
A. 截面积　　　B. 长度　　　　　C. 根数　　　　　D. 强度

138. 程序编制内容之一是确定零件加工工艺，包括零件的毛坯形状，零件的定位和装夹刀具的（　　）选择等。
A. 材料　　　　B. 几何角度　　　C. 修磨方法　　　D. 切削用量

139. 在拆修高压容器时，须先打开所有（　　）放出剩下的高压气和液体。
A. 安全罩　　　B. 防护网　　　　C. 溢流阀　　　　D. 安全阀

140. 汽油机燃料供给系统由油箱、汽油泵、汽油滤清器和（　　）组成。
A. 进气门　　　B. 推杆　　　　　C. 凸轮　　　　　D. 化油器

141. 钻床夹具在装配时先要进行初装（　　）定位，待综合检验合格后方可作最后紧固定位。
A. 精　　　　　B. 粗　　　　　　C. 不　　　　　　D. 舍

142. 钻不通孔时，要按钻孔深度调整（　　）。
A. 切削速度　　B. 进给量　　　　C. 吃刀量　　　　D. 挡块

143. 投影法分为中心投影法和（　　）投影法两类。
A. 平行　　　　B. 水平　　　　　C. 垂直　　　　　D. 倾斜

144. 在精密液压元件前端应安装（　　）滤油器，以维护液压元件。
A. 网式　　　　B. 线隙式　　　　C. 烧结式　　　　D. 磁性

145. 接触式密封装置，常因接触处滑动摩擦造成动力损失和磨损，故用于（　　）。
A. 高速　　　　B. 低速　　　　　C. 重载　　　　　D. 轻载

146. 滚动轴承内孔为基准孔，即基本偏差为零，公差带在零线的（　　）。

A. 上方　　　　　　 B. 下方　　　　　　 C. 上下对称　　　　 D. 按要求定

147. 标准群钻主要用来钻削（　　　）。

A. 铜　　　　　　　 B. 铸铁　　　　　　 C. 碳钢和合金结构钢 D. 工具钢

148. 扩孔加工质量比钻孔高，扩孔时进给量为钻孔的（　　　）倍。

A. 1/2 ~ 1/3　　　 B. 1.5 ~ 2　　　　 C. 2 ~ 3　　　　　 D. 3 ~ 4

149. 对于几个方向都有孔的工件，为了减少装夹次数，提高各孔之间的位置精度，可采用（　　　）夹具。

A. 盖板式　　　　　 B. 移动式　　　　　 C. 翻转式　　　　　 D. 回转式

150. 润滑系统的功能是将一定数量的（　　　）送到各摩擦部位。

A. 汽油　　　　　　 B. 柴油　　　　　　 C. 煤油　　　　　　 D. 清洁润滑油

151. 内燃机按所用燃料分类，可分为柴油机、汽油机、煤气机和（　　　）4 种。

A. 活塞式　　　　　 B. 转子式　　　　　 C. 涡轮式　　　　　 D. 沼气机

152. 内燃机型号表示中，后部由（　　　）和用途特征符号组成。

A. 换代标志符号　　 B. 结构特征符号　　 C. 缸数符号　　　　 D. 缸径符号

153. 热力发动机中，燃料直接在工作气缸内部燃烧，将产生的热能转变成（　　　）。

A. 动能　　　　　　 B. 势能　　　　　　 C. 机械能　　　　　 D. 光能

154. 节流滑阀与阀体孔的配合间隙应严格控制，如果间隙大，泄漏（　　　）。

A. 大　　　　　　　 B. 小　　　　　　　 C. 不变　　　　　　 D. 可能大，可能小

155. 麻花钻将棱边转角处副后面磨出副后角主要用于钻（　　　）。

A. 铸铁　　　　　　 B. 碳钢　　　　　　 C. 合金钢　　　　　 D. 铜

156. 节流阀通过改变（　　　）以控制流量。

A. 流通方向　　　　 B. 流通截面的大小　 C. 弹簧力的大小　　 D. 进油口压力大小

157. 油泵一般不得用（　　　）传动，最好用电动机直接传动。

A. 齿轮　　　　　　 B. 链　　　　　　　 C. V 带　　　　　　 D. 蜗杆

158. 加工硬材料时，为保证钻头切削刃强度，可将靠近外缘处（　　　）磨小。

A. 前角　　　　　　 B. 后角　　　　　　 C. 顶角　　　　　　 D. 螺旋角

159. 在麻花钻上开分屑槽主要应用在（　　　）。

A. 铸铁　　　　　　 B. 胶木　　　　　　 C. 铝　　　　　　　 D. 钢

160. 当孔的精度要求较高和表面粗糙值较小时，加工中应取（　　　）。

A. 大进给量　　　　 B. 大吃刀量　　　　 C. 小速度　　　　　 D. 小进给量，大速度

二、判断题

161. 开口销和带槽螺母防松装置多用于静载和工件平稳的场合。　　　　　　（　　　）

162. 高速和精密机床的滚动轴承润滑常采用锂基润滑脂。　　　　　　　　　（　　　）

163. 精密机床必须用高精度的传动齿轮。　　　　　　　　　　　　　　　　（　　　）

164. 测量噪声仪器使用前，必须对其声压示值的准确校正。　　　　　　　　（　　　）

165. 螺旋机构丝杠螺母副应有较高的配合精度。　　　　　　　　　　　　　（　　　）

166. 40Cr 表示碳的质量分数为 0.40% 的优质碳素工具钢。　　　　　　　　（　　　）

167. 零件的加工工艺是以不同生产类型进行拟订的。　　　　　　　　　　　（　　　）

168. 锥形表面滑动轴承依靠轴和轴瓦间的相对移动，可调整轴承的径向间隙。 （   ）

169. 整体式向心滑动轴承装配压入轴套后，要用紧定螺钉或定位销等固定轴套位置。

（   ）

170. 钻孔时，钻头顶角的大小影响主切削刃轴向力的大小。 （   ）

171. 箱体工件第一次划线位置应选择待加工孔和面最小的一个位置。 （   ）

172. 装配后的花键副，应检查花键轴与被连接零件的同轴度和垂直度要求。 （   ）

173. 当斜面的倾斜角小于摩擦角时，物体在斜面上自锁。 （   ）

174. 铁碳相图是表示铁碳合金的组织、结构和性能相互变化规律的图形。 （   ）

175. 拧入双头螺柱前，必须在螺纹部分加润滑油，以免拧入时产生螺纹拉毛现象，可为今后拆缺更换提供方便。 （   ）

176. 车间生产管理属于企业中的执行层管理。 （   ）

177. 普通机床齿轮变速箱，中小机床导轨，一般选用 N46 号机械油润滑。 （   ）

178. 汽油机润滑油中 10 号和 15 号油用于高速柴油发动机。 （   ）

179. 普通平键连接常用于高精度、传递重载荷、冲击及双向转矩的场合。 （   ）

180. 当滚动轴承外圈与壳体孔为紧密配合，内圈与轴颈为较松配合时，应将轴承先压入轴颈上。 （   ）

181. 螺旋机构的轴向间隙直接影响进给精度。 （   ）

182. 滚动轴承中的润滑剂可以降低摩擦阻力，还可以防止灰尘进入轴承。 （   ）

183. 主轴的试运行调整，应从低速到高速，空转要超过 2h，而高速运转不要超过 30min，一般油温要超过 60℃ 即可。 （   ）

184. 螺旋机构的丝杠和螺母必须同轴，丝杠轴线必须和基准面平行。 （   ）

185. 润滑剂在摩擦表面之间具有缓冲和吸振作用。 （   ）

186. 滑动轴承工作可靠、平衡、噪声小，润滑油膜具有吸振能力，故能承受较大的冲击载荷。 （   ）

187. 碳的质量分数低于 0.25% 的碳钢，可用正火代替退火，以改善切削加工性能。

（   ）

188. 采用圆锥面过盈连接，可以利用高压油装配，使包容件内径胀大，被包容件外径缩小。 （   ）

189. 电子计算机不但能识别二进制编码，还能识别十进制码。 （   ）

190. 内燃机中的曲柄连杆机构，就是把缸内活塞的往复直线运动，变为曲轴的连续转动。 （   ）

191. 刮削法有手刮法和挺刮法两种。 （   ）

192. 按图样、按标准、按工艺要求生产称为 "三按" 生产。 （   ）

193. 磨床砂轮主轴部件在调整时，先收紧前轴承至主轴转不动为止，并在调整螺母上划线作好标记。 （   ）

194. 当尺寸和过盈量较大的整体式滑动轴承装入机体孔时，应采用锤子敲入法。

（   ）

195. 蜗杆传动机构的装配顺序，应根据具体结构而定，一般是先装蜗杆后装蜗轮。

（   ）

196. 研磨有手工操作和机械操作两种方法。　　　　　　　　　　　　　　　　（　　）

197. 用节流阀代替调速阀，可使节流调速回路活塞的运动速度不随负荷变化而波动。

　　　　　　　　　　　　　　　　　　　　　　　　　　　　　　　　　　（　　）

198. 当油膜振荡转子失稳时，将会出现异常的振动频率成分。　　　　　　　　（　　）

199. 高速机械的主要特征是在高速旋转状态下容易引起振动。　　　　　　　　（　　）

200. 当升速运动时，传动件的误差被缩小，而当降速运动时，其误差被放大。（　　）

中级钳工理论知识试题（二）参考答案

1. A　2. A　3. A　4. A　5. B　6. A　7. A　8. A　9. C　10. A　11. A　12. B

13. A　14. A　15. A　16. C　17. D　18. A　19. D　20. C　21. B　22. D　23. A　24. D

25. A　26. C　27. B　28. C　29. C　30. D　31. A　32. A　33. A　34. B　35. B　36. A

37. D　38. A　39. B　40. B　41. B　42. C　43. A　44. C　45. C　46. C　47. B　48. C

49. B　50. D　51. C　52. A　53. D　54. B　55. C　56. C　57. A　58. B　59. C　60. C

61. C　62. D　63. C　64. D　65. C　66. A　67. B　68. D　69. B　70. C　71. D　72. C

73. C　74. A　75. A　76. C　77. B　78. B　79. A　80. C　81. B　82. C　83. C　84. A

85. D　86. C　87. D　88. A　89. A　90. D　91. D　92. B　93. C　94. B　95. A　96. C

97. C　98. A　99. C　100. B　101. B　102. B　103. D　104. C　105. C　106. D

107. B　108. A　109. D　110. A　111. B　112. D　113. D　114. D　115. A　116. D

117. A　118. B　119. A　120. B　121. A　122. D　123. A　124. C　125. B　126. D

127. A　128. C　129. C　130. B　131. A　132. C　133. D　134. A　135. A　136. C

137. C　138. B　139. C　140. D　141. B　142. D　143. A　144. C　145. B　146. B

147. C　148. B　149. C　150. D　151. D　152. B　153. C　154. A　155. D　156. B

157. C　158. A　159. D　160. D　161. ×　162. √　163. √　164. √　165. √　166. ×

167. √　168. √　169. √　170. √　171. ×　172. √　173. √　174. ×　175. √　176. √

177. √　178. ×　179. √　180. ×　181. √　182. √　183. ×　184. √　185. √　186. √

187. √　188. √　189. ×　190. √　191. √　192. √　193. √　194. ×　195. ×　196. ×

197. ×　198. √　199. √　200. ×

参 考 文 献

[1] 祝燮权. 实用五金手册 [M]. 6 版. 上海：上海科学技术出版社，2000.

[2] 机械工业职业技能鉴定指导中心. 钳工常识 [M]. 北京：机械工业出版社，1999.

[3] 张玉中，孙刚，曹明. 钳工实训 [M]. 北京：清华大学出版社，2006.

[4] 劳动部教材办公室. 钳工生产实习 [M]. 北京：中国劳动出版社，1997.

[5] 陈宏钧. 钳工实用技术 [M]. 北京：机械工业出版社，2005.

[6] 劳动和社会保障部教材办公室. 钳工工艺学 [M]. 4 版. 北京：中国劳动社会保障出版社，2005.

[7] 机械工业技师考评培训教材编审委员会. 钳工技师培训教材 [M]. 北京：机械工业出版社，2001.

[8] 董代进，胡云翔，饶传锋. 装配钳工 [M]. 重庆：重庆大学出版社，2007.

[9] 逯萍. 钳工工艺学 [M]. 北京：机械工业出版社，2008.

[10] 张成方. 钳工基本技能 [M]. 北京：中国劳动社会保障出版社，2005.

[11] 殷铖，王明哲. 模具钳工技术与实训 [M]. 北京：机械工业出版社，2005.

[12] 汪哲能. 钳工工艺与技能训练 [M]. 北京：机械工业出版社，2008.

[13] 陈宏钧. 实用钳工手册 [M]. 北京：机械工业出版社，2009.

[14] 黄涛勋. 钳工技能 [M]. 北京：机械工业出版社，2007.

[15] 吴清. 钳工基础技术 [M]. 北京：清华大学出版社，2011.

[16] 高钟秀. 钳工技术 [M]. 北京：金盾出版社，2007.

[17] 程长海. 钳工工艺 [M]. 北京：中国劳动社会保障出版社，2007.

[18] 邱言龙，王兵. 钳工实用技术手册 [M]. 北京：中国电力出版社，2007.

[19] 王永明. 钳工基本技能 [M]. 北京：金盾出版社，2007.

[20] 蔡海涛. 模具钳工工艺学 [M]. 北京：机械工业出版社，2009.

[21] 田大伟，刚绍旭. 装配钳工基本技能 [M]. 北京：中国劳动社会保障出版社，2007.

[22] 刘治伟. 装配钳工工艺学 [M]. 北京：机械工业出版社，2009.

[23] 朱江峰，姜英. 钳工技能训练 [M]. 北京：北京理工大学出版社，2010.

[24] 姜波. 钳工工艺学 [M]. 4 版. 北京：中国劳动社会保障出版杜，2005.

[25] 骆行. 钳工基本技能 [M]. 成都：成都时代出版杜，2007.